父与子的编程之旅

与爸爸一起学Scratch

刘鸿城◎编著

北京大学出版社
PEKING UNIVERSITY PRESS

内容提要

本书针对初学者的需求，通过爸爸和儿子两个角色，一个作为老师，一个作为学生，生动而细致地讲述了他们学习Scratch的历程，全面、详细、由浅入深地讲解了Scratch的知识点。

本书共分为9个单元，包括对编程领域的认识、常见游戏的介绍、Scratch少儿编程的介绍、Scratch在线编程平台的使用、Scratch离线版本的安装、Scratch工具的使用方法、在Scratch中添加图片和声音素材的操作方式，并设计了6个由易到难的游戏案例，在案例中对各个代码指令做了细致的讲解，方便读者学习。

本书适合6~12岁的少儿学习，也可以作为广大少儿编程培训班的参考教材，同时是一本很好的亲子互动少儿编程教材。

图书在版编目(CIP)数据

父与子的编程之旅. 与爸爸一起学Scratch / 刘鸿城编著. — 北京：北京大学出版社，2020.1
ISBN 978-7-301-30988-9

Ⅰ.①父… Ⅱ.①刘… Ⅲ.①程序设计—少儿读物 Ⅳ.①TP311.1-49

中国版本图书馆CIP数据核字（2019）第291913号

书　　　　名	父与子的编程之旅：与爸爸一起学Scratch	
	FU YU ZI DE BIANCHENG ZHI LÜ：YU BABA YIQI XUE SCRATCH	
著作责任者	刘鸿城　编著	
责 任 编 辑	吴晓月　刘沈君	
标 准 书 号	ISBN 978-7-301-30988-9	
出 版 发 行	北京大学出版社	
地　　　　址	北京市海淀区成府路205 号　100871	
网　　　　址	http://www.pup.cn　　　新浪微博：@ 北京大学出版社	
电 子 信 箱	pup7@ pup.cn	
电　　　　话	邮购部 010-62752015　发行部 010-62750672　编辑部 010-62570390	
印 刷 者	北京宏伟双华印刷有限公司	
经 销 者	新华书店	
	787毫米×1092毫米　16开本　13.75印张　259千字	
	2020年1月第1版　2020年1月第1次印刷	
印　　　　数	1-4000册	
定　　　　价	59.00 元	

说给大家的话

大家好！

我是一位孩子的父亲，一次偶然的机会，我接触到了 Scratch 少儿编程，如获至宝，慢慢地去了解、学习 Scratch 后，收获很大。我想把自己的收获分享给各位爸爸妈妈。

Scratch 是图形化的少儿编程软件，它和我们熟悉的 C 语言、Java 语言等不一样，适合 12 岁以下的孩子学习。Scratch 编程就像搭建积木一样，有趣、简单、高效，孩子很容易入门。孩子从学龄阶段就学习编程，不仅能培养他们的逻辑思维能力，而且能培养他们自主学习的能力，这对孩子学习传统的知识也有很大帮助；同时还能为孩子以后学习更高级的编程知识打下基础。

对此，我深有体会。我的儿子叫大头，他现在上小学三年级了，但是前两年成绩一直不太理想。为了激发他的学习兴趣，从去年开始，我就主动带领他学习 Scratch 编程。让我惊讶的是，自从学了 Scratch 编程，他遇到问题会主动思考，做事也有头绪了，上课也很专注，学习成绩提升得很快，我再也不用担心他的学习了。

为了让每一个孩子都能自主学习 Scratch 编程，我根据引导大头学习 Scratch 的经验编写了这本全面讲解 Scratch 编程的书。在这本书中，我将少儿编程的各个知识点以对话方式讲解并总结了出来，各位爸爸妈妈可以陪伴孩子一起学习。书中的知识点简单易懂，不会让人觉得学习编程是

一件困难的事，只要按照本书中的步骤去做，就能完成自己的游戏作品。加上书中所提供的案例都是孩子们十分感兴趣的小游戏，制作游戏本身对孩子就有很大的吸引力，制作成功还能增强孩子的成就感，让孩子因此喜欢上学习。

　　如今是互联网、人工智能时代，编程技术已经深入我们生活的方方面面，机器人、智能家居、无人驾驶汽车、人工智能医疗等高科技产品，给我们的生活和工作带来了很大的便利。编程作为支撑这些技术的核心技能，自然备受关注。为了跟上时代的步伐，孩子学习编程也显得尤为重要。

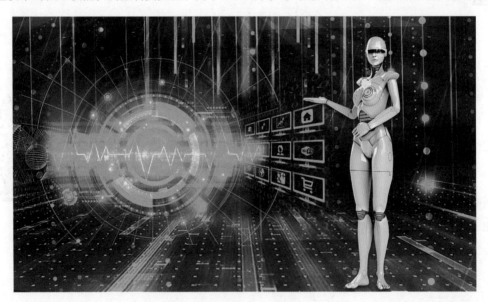

有很多家长会问我："我的孩子未来不一定会成为一个程序员，为什么需要学习编程呢？"不得不说，在这个竞争日趋激烈的时代，孩子们的压力也越来越大，课余时间要报各种兴趣班，但家长无论是送孩子学钢琴还是画画或是其他课程，都不是抱着孩子能成为钢琴家、画家的目的，只是为了激发孩子的学习兴趣，培养他们自主学习的能力。而学习 Scratch 编程无疑是其中较好的选择之一，毕竟现在很少有孩子能抵挡得住游戏的诱惑。与其强制孩子远离游戏，还不如换个方式，让他们自己制作游戏，这样既激发了孩子的学习兴趣，又增进了父母与孩子的感情，何乐而不为呢？

当然，也不排除会有少数的孩子在编程学习上有天赋，最终选择了计算机科学领域作为自己的职业方向。例如，比尔·盖茨、马克·扎克伯格等名人，他们都是在少年时期对编程有浓厚兴趣，加上过人的天赋，后来才能成功创立自己的企业并取得巨大成就。

所以，对于孩子来说，学习编程并不是为他们以后成为程序员或创业打基础，而是培养他们自主学习的能力和训练多方面的思维。而这些，恰恰是目前国内基础教育无法提供的。

学习编程其实就是训练思维。为什么这样说呢？和一些棋类项目类似，编程所在的环境是自造自洽的，并且边界清晰。这个环境有自己的规则，且毫不复杂，但可以从中变幻出无穷无尽的可能，可以这样说，你的思维能力的边界就是这个世界的边界。

孩子学编程受益的几个方面

❶ 逻辑思维的训练

逻辑思维在编程学习中非常重要。逻辑是程序的基石，但在目前国内的计算机学科教学内容当中，十分缺乏逻辑思维方面的训练。

这方面的缺失带来很多问题，如孩子在写作中经常会犯逻辑错误，在与别人的辩论中缺乏足

够的逻辑能力来支撑自己的论点等。少儿编程学习是逻辑思维训练的一个非常有效的方式，因为在这个人造的、边界清晰的、自洽的环境中，逻辑错误导致的结果非常明显。如果没有按照正确的方式运行程序，肉眼便能看见错误的结果，孩子会自然而然地想办法修正自己的逻辑错误。通过这样的反复练习和修正，孩子的逻辑思维能力可以得到明显的提升。

② 语言学习能力的训练

编程语言也是一门语言，少儿编程是孩子认识编程世界、感受编程世界的开始。编程语言与自然语言相比，虽然规则要简单很多，但语法却更加严格。学习一门自然语言的周期很长，而编程语言对孩子们来说更像是一门简化的新语言，学习起来没有那么复杂。而且孩子还能从中迅速获得反馈和交流的乐趣，让计算机听自己的指挥，看到自己的程序实现了想要的效果，是一种非常神奇的体验。此外，通过学习这门新的语言，孩子们多了一种自我表达的手段，不仅将想象力落实到了作品中，而且能将自己的作品分享给他人。

③ 敢于试错的勇气

在编程世界里，出错是常态。可以说，编程就是一个不断出错、不断修改，最终让程序按照自己的设想运行的过程。相对于其他学科而言，编程的调试周期非常短，这也就意味着试错的成本非常低。因此，孩子们的内心会变得更加强大，更能平和地面对挫折和失败，更愿意不断尝试，最终解决问题。

④ 专注力

学习编程要求孩子非常专注，这对较低年龄阶段的孩子来说可能是一个挑战。不过，编程学习有一个有别于其他学科的巨大优势，就是更容易实现游戏化学习。通过游戏的角色代入、关卡设置、勋章奖励等手段，可以让学生沉浸在编程学习的情境之中，更加专注于学习，这会在无形中提升孩子的专注力。所以对少儿编程学习而言，无论是由教师来现场授课，还是通过软件工具进行引导式学习，最好的教学方式就是游戏化教学。

⑤ 自主学习的能力

学习编程还能培养孩子自主学习的能力，自主学习可以说是孩子必备的能力。学习过程中，如果孩子一味地被动学习，就会限制孩子的学习能力。而学习编程为孩子创造了自主学习的环境，孩子就是学习的主体，可以独立地分析问题、实践并创造成果，这对孩子的终身发展十分重要。

🔹 随书学习视频

本书为读者提供了同步的案例角色素材文件、音频文件、源码文件和精心录制的学习视频，可以扫描左下方二维码，关注"博雅读书社"微信公众号，找到"资源下载"栏目，根据提示获取；也可以扫描右下方二维码，关注"新精英充电站"微信公众号，输入代码"R290138"，获取下载链接和密码。

资源下载

新精英充电站

目 录

Contents

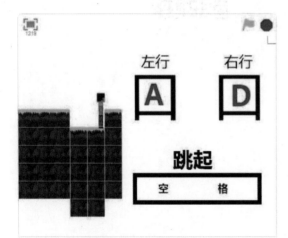

单元三　Scratch 的安装和使用 43

单元四　海底世界 ……………93

单元五　领空保卫战 …………107

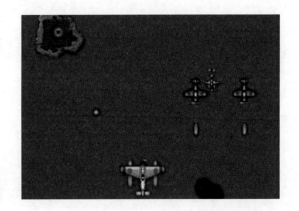

单元一

游戏世界

1.1 游戏从哪儿来

大头，看你玩游戏这么开心，你思考过游戏背后的秘密吗？

游戏背后还隐藏了秘密吗？我很好奇！

好孩子，看来你有很强的求知欲。你知道吗？我们在计算机上玩的英雄联盟、QQ飞车，在手机上玩的天天爱消除、俄罗斯方块、捕鱼、切水果等，这些游戏可是大有来头的！

这么神奇，那我倒是想知道！

在爸爸小的时候，没有计算机和手机，不像你们现在这样便捷，可以使用计算机和手机玩各种各样的游戏。我们小时候玩的都是捉迷藏、老鹰捉小鸡等游戏，大家都是你追我赶地玩耍着。

感觉也很有意思呢，但是不能像我现在，自己一个人就能在计算机或手机上玩游戏。

所以，现在爸爸就要给你说说计算机、手机游戏背后的秘密。

爸爸，知道这些秘密后有什么用啊？它能使我的学习成绩提高吗？

它不仅能提高你的学习成绩，还能帮你按照自己的想法制作游戏。我们在计算机、手机上玩的游戏都是通过编程语言编写程序代码得到的。

听起来真有趣，我想学编程语言。

编程语言是计算机能识别的一种机器语言。

1.2 编程与游戏的关系

大头，爸爸已经告诉你了，游戏和编程语言有关，所以我们不仅要玩游戏，还要学会使用编程语言制作游戏。从今天开始，爸爸就做你的老师，教你一门好玩的、有趣的编程语言，它就是简单的图形化计算机编程语言——Scratch。你知道什么是计算机编程语言吗？

好的！爸爸，我还不知道什么是计算机编程语言。我只知道汉语、英语等是我们人类说的语言，计算机也有语言吗？那计算机能听懂人类的语言吗？

是啊，像我们中国人的语言是汉语，美国人的语言是英语，法国人的语言是法语。我们和美国人沟通用英语，和法国人沟通用法语，外国人和我们沟通需要用汉语。

爸爸，我明白了，那我们和计算机沟通的时候，是不是就要用你刚刚说的 Scratch 语言啊？

大头真棒，你理解力真强。是这个道理，我们和计算机沟通的时候就用编程语言。我们人类和计算机沟通可以使用很多的编程语言，如 C 语言、Java 语言、Python 语言、PHP 语言等，不过，爸爸现在主要教你如何使用 Scratch 语言和计算机沟通。

听起来好奇妙啊！可我还有个疑问，因为计算机懂编程语言，所以我们用编程语言就可以和它沟通，那计算机是怎么听我们的编程语言的呢？

我们用编程语言和计算机交流的方式不是说话，而是把编程语言写下来，存到计算机中，它通过读取我们所写的编程语言，就能够和人类沟通啦！

爸爸，我们给计算机写编程语言时，一定需要我们自己懂编程语言吧？那 Scratch 这门编程语言简单吗？学会了它之后我们能做什么呢？

是的，写编程语言前我们一定要懂编程语言，但是你不用担心，它一点都不难学。刚才我说过，学会 Scratch 后我们可以制作各种好玩的游戏，你可以使用 Scratch 语言制订一个游戏的规则，它识别规则后，生成一个游戏程序，然后你就可以玩游戏啦。只要你的想象力够丰富，就可以制作各种各样的游戏交给计算机，它保证不会让你失望。

Scratch 这么神奇又强大，我一定要和爸爸好好学习。

Scratch 软件是一种图形化的编程工具，用它编程就像搭建积木一样，非常适合孩子学习。

1.3 这些游戏你认识吗

大头，现在国内外的游戏市场都非常火爆，游戏产业的发展越来越好，游戏种类也有很多，下面爸爸给你列举一些，你看看自己玩过哪些游戏呢？

开心消消乐

植物大战僵尸

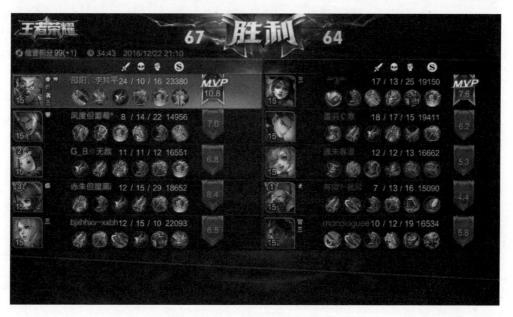

王者荣耀

QQ 飞车

爸爸，我玩过 QQ 飞车，听说其他游戏也很好玩，我想学会 Scratch 后也能编写这样好玩的游戏吧。

Scratch 可以编写各种竞技类游戏、故事类游戏。

1.4 编程的那些事

大头，开始学习之前，我们可以先了解一下编程语言有哪些种类，下图显示的是计算机编程语言的种类。值得一提的是，大多数编程语言是欧美国家发明的，所以编程语言都是用英语来写的。

爸爸，感觉好复杂呀，计算机编程语言也太多了吧，计算机都能识别这些语言吗？

是的，在互联网繁荣的新时代，人们可以在计算机上用编程语言编写出不同的项目来，有的适合做网站、有的适合做游戏、有的适合做工具。

竟然有这么多用处呢！爸爸，你前面说过 Scratch 编程语言是图形化的编程方式，那它是不是适合做图形啊？

是的，Scratch 语言主要是做游戏，它的游戏界面可以做得很丰富，这样可玩性、欣赏性就很高啦，下面爸爸就带你循序渐进地敲开编程世界的大门。

我对图像动画很感兴趣，相信学习 Scratch 后就可以制作出自己喜欢的游戏。

大头是好学生，那就跟着爸爸的脚步来吧！编程就是使用一种程序语言，将游戏的规则，按照一定的先后顺序写好后，交给计算机读取、识别。例如，要把打篮球的规则做成一个游戏，我们在拿到篮球后，拍着篮球跑进三分线以内，将篮球投进篮筐能得 2 分。从拿着篮球跑进线内到投篮这一系列的动作、步骤，可以使用编程语言记录下来，计算机会按照编写的程序规则运行游戏。

那是不是程序出错了，游戏就不能正常地进行了呢？

是的，大头真聪明，一点就通。只要你按照我教你的步骤来，就能学好游戏编程，因为它只是需要知道做事的顺序。

哦，原来是这么回事呀！

我们用程序编写游戏时，需要用一种计算机能看得懂的语言，因为只有计算机能识别程序语言，才会按照我们的指示执行。不过计算机只认识0和1，所以计算机把我们写的程序语言翻译成了由0、1组成的二进制语言，如下图所示。

脚本式的程序编程语言（Python 编程）

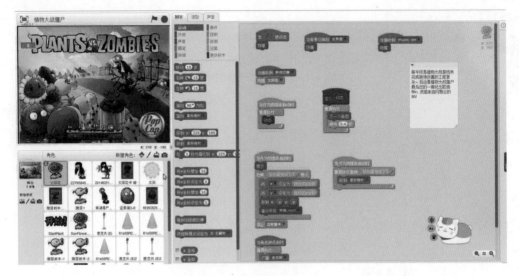

Scratch 游戏编程

在本书的知识体系中不需要掌握二进制，也能学好游戏编程哦！

看着是不是很难？不过不用害怕，我们学习的 Scratch 编程不需要写这么复杂的英文，我们通过游戏的方式就能完成游戏设计。

那我就有信心学好 Scratch，制作出各种游戏。爸爸，快带我进入神奇的 Scratch 编程世界吧！

单元回顾与**总**结

大头，恭喜你打开了 Scratch 游戏编程的神秘大门，现在我们一起来回顾一下本单元的重点吧！

好的，爸爸！

跟随爸爸一起学完了本单元的知识点后，不难发现主要有 4 大重点，一定不要漏掉哦！

重点 1：游戏的来历，在第 1.1 节中我们讲到了游戏背后的秘密。

重点 2：在第 1.2 节中讲到了游戏与编程的关系。

重点 3：列举了利用编程语言创造出的各种电子游戏。

重点 4：在第 1.4 节中讲到了编程语言，在本书中我们要学习的编程语言是 Scratch。

单元二
开始游戏吧

 游戏编写工具的世界

 大头，在上一个单元中，我们认识了游戏与 Scratch 编程语言的关系，本单元我们将了解如何安装和使用 Scratch 编程工具。

好呀！爸爸，你前面说过 Scratch 超级简单，使用它编写程序就像是玩游戏那样简单。

 是呀，那爸爸先问你一个问题，我们一般用什么工具玩游戏呢？

当然是用手机或计算机玩游戏啊！

 是的，我们要玩游戏就要有手机或计算机等工具，那我们要编写游戏也同样需要工具。

爸爸，我明白了，你的意思是我们编写游戏要从认识工具开始。

 是的，大头，本单元我们主要学习 Scratch 编程工具。

Scratch 就是简易的图形化编程工具，它的中文名字叫"魔抓"。

2.2 嘿，Scratch，你从哪里来

 学习 Scratch 之前，我们先来了解一下它的历史吧！Scratch 是由美国麻省理工学院推出的编程工具，是一款非常适合少儿学习编程和交流的软件。

爸爸，看来这是我们小孩子的福利呢！

 没错，Scratch 程序非常容易掌握。它通过图形化界面，把编程需要掌握的基本技巧囊括其中，包括建模、控制、动画、事件、逻辑、运算等。通过这个工具平台，你们不仅可以快速掌握编程技巧，还能充分发挥自己的想象力做出一些作品。

爸爸，你说的有些复杂呢，大头没有听懂。

 没事的，大头，听爸爸慢慢给你讲解。在后面的学习中，只要你跟着爸爸的脚步，保证让你学会。

好的，爸爸！

 既然要说 Scratch 的历史，就不得不提一下它的进化史。Scratch 最初的版本是 Scratch 1.4，到现在已经发展到了 Scratch 3.0 版本，为了让你紧跟 Scratch 的发展脚步、学习最新版本的操作，本书中所有的知识点和教程案例都基于 Scratch 3.0 版本。

对的，爸爸，我们要紧跟 Scratch 发展的步伐。

 嗯，不过我们还是有必要认识一下 Scratch 开发工具的各个版本。下面爸爸给你介绍一下。

脚本区　　　　　　　　　　　　　　舞台区

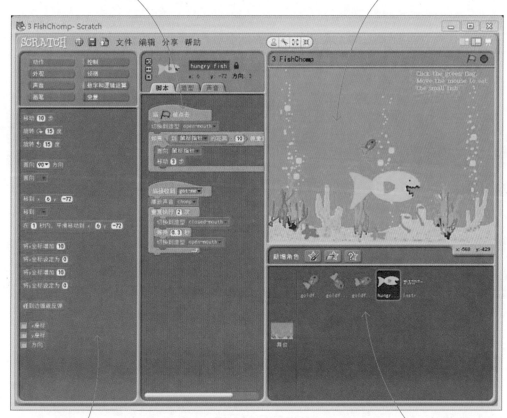

Scratch 1.4 版本

编码区　　　　　　　　　　　　　　角色编辑区

在 Scratch 1.4 版本中，舞台区在屏幕的右侧，脚本区在舞台的中央。

舞台区　　　　　　　　　　　　脚本区

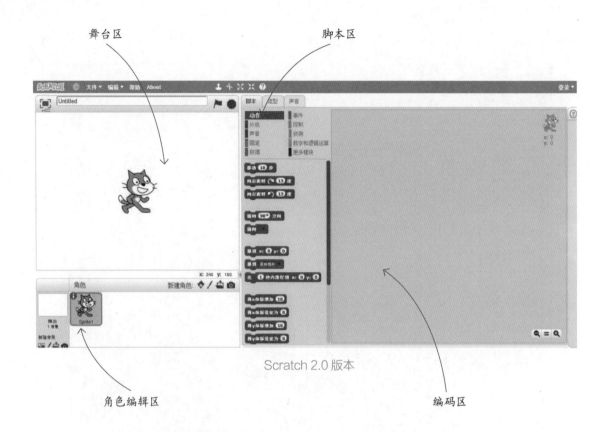

Scratch 2.0 版本

角色编辑区　　　　　　　　　　　　　　　　编码区

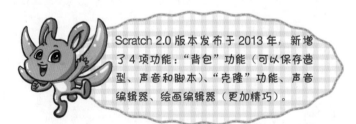

Scratch 2.0 版本发布于 2013 年，新增了 4 项功能："背包"功能（可以保存造型、声音和脚本）、"克隆"功能、声音编辑器、绘画编辑器（更加精巧）。

脚本区　　　　　　　　　编码区　　　　　　　　　舞台区

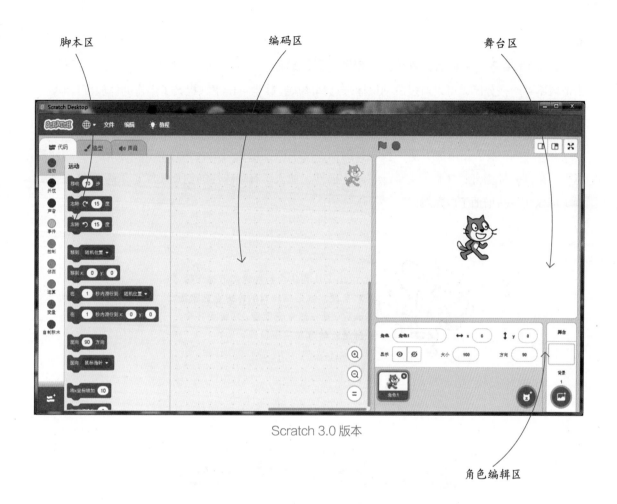

Scratch 3.0 版本

角色编辑区

下面我们一起来看看 Scratch 3.0 版本有哪些新特性。

① 内核的更新

Scratch 3.0 使用 H5 和 JS 语言编写，是目前主流的技术框架。优点是打破了 PC 端和移动端的壁垒，强化了 Scratch 的一个核心思想 —— 分享。在计算机上做出的作品可以直接在手机上打开，方便作品的传播。

2 界面更新

Scratch 3.0 界面更新后，舞台区移到了右边，编码区放在中间，更加方便编程者编写程序；积木区不再严格分区，可以通过滑动鼠标来选择区块，减少点击率，提升了用户的体验度。

3 更多的扩展

Scratch 3.0 整合并添加了插件模块，例如，文字朗读模块可以让角色真正"说话"；翻译功能可以翻译多种语言；扩展了 Makey Makey 插件，加入了有趣味性的创意硬件；乐高 EV3 在新版本中可以使用，增加了应用场景。

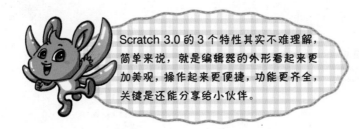

Scratch 3.0 的 3 个特性其实不难理解，简单来说，就是编辑器的外形看起来更加美观，操作起来更便捷，功能更齐全，关键是还能分享给小伙伴。

2.3 走进 Scratch 的世界

大头，现在我们就开始学习如何安装和使用 Scratch 开发工具。

好的，爸爸，我已经迫不及待地想学习 Scratch 啦！

我们可以在台式电脑或笔记本电脑上安装 Scratch 开发工具，本书后面都叫作 Scratch 软件，本节主要介绍 Scratch 软件的安装和使用。

爸爸，Scratch 软件的安装和一般软件的安装方法一样吗？

是一样的，我们只需要访问 Scratch 的官方网页（https://scratch.mit.edu/），在 Scratch 官网中下载 Scratch 3.0 版本的安装包就可以了。

爸爸，必须安装 Scratch 软件才能使用吗？

不是这样的，也可以在线使用 Scratch，但安装 Scratch 软件后更加方便，在没有网络的情况下也能随时随地地编写游戏程序，而且在断电、没有网络的情况下，数据也不会丢失。

太好啦！爸爸，快告诉我安装 Scratch 软件的步骤吧！

大头，别着急，后面我会给你讲解的。

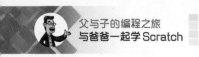

我知道了，可是如果我去朋友家玩，也想使用 Scratch 呢？所以，我也想学习一下怎么在线使用 Scratch。

 大头，你想得太周到了。不想安装或者不方便下载 Scratch 软件时，我们只需要在 Scratch 的官网上注册一个账户就可以在线编写 Scratch 程序。

爸爸，我明白了。不过，既然两种方法都可以操作 Scratch，安装 Scratch 软件后的优势是随时可以使用它，那在 Scratch 官网上编写程序脚本有优势吗？

 大头，在 Scratch 官网上创作的作品，可以和平台上所有的小伙伴共享，随时都能够访问或玩自己的游戏。

哇！那我也可以观赏小伙伴的作品了。爸爸，在 Scratch 官网上使用开发工具复杂吗？

 一点都不复杂。因为 Scratch 官网上有很多素材和成品案例，这样新手就有了参考的对象，制作起来相对方便、简单，但前提是我们的计算机要连接网络。

爸爸，Scratch 软件的两种使用方式我都要学会。

大头，别着急，爸爸会在后面的课程中一步一步教你。

Scratch 离线版本和在线版本各有各的优势，前者在没有网络的情况下也可以使用，后者便于和小伙伴一起交流学习。

2.4 看看 Scratch 软件的真面目

大头，在使用 Scratch 制作游戏前，首先要熟悉它的操作界面，我们先来看看 Scratch 的界面长什么样子吧！

工具栏

菜单栏

指令类型

添加扩展

指令区

代码指令区

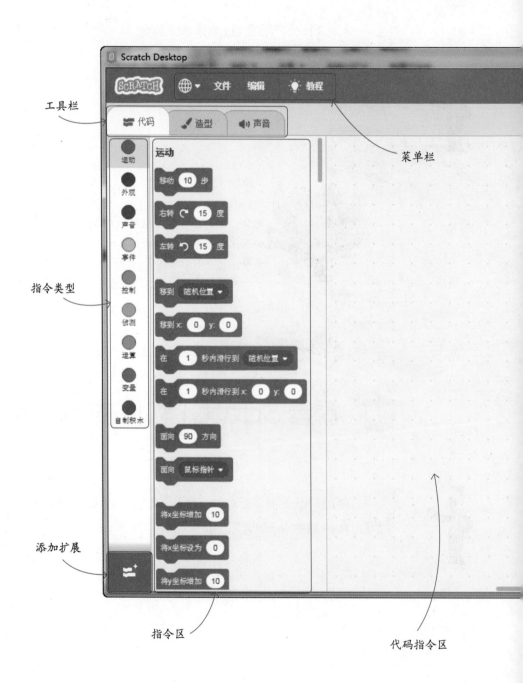

游戏的开始与停止按钮

舞台中的角色

台区

色编辑区

舞台

角色   角色1   ↔ x   0   ↕ y   0

显示   ⊙ ∅   大小   100   方向   90

背景
1

舞台区背景图列表

角色图片

角色1

工具栏2

添加角色图片

添加背景图

看起来丰富多彩，爸爸，我先熟悉下 Scratch 的界面。

大头，真棒！你只有熟记了 Scratch 的操作界面，在后面才能熟练地操作与应用 Scratch 来制作游戏。一定要好好记住界面中的各个组成元素。

单元回顾与总结

大头，本单元我们学习了 Scratch 软件，以及它的两种使用方法，现在我们一起来总结一下相关的重点吧！

好的，爸爸！

Scratch 可以通过搭建积木的方式来编写我们想要的游戏效果，不管有没有网络，我们都可以选择性地使用，可以说是既有趣又方便。本单元我们一共需要掌握 4 个重点。

重点 1：第 2.1 节讲述了编写游戏程序需要的工具是 Scratch 软件。

重点 2：第 2.2 节中主要介绍了 Scratch 1.4 版本、Scratch 2.0 版本及最新的 Scratch 3.0 版本的不同之处，本书的案例都是使用 Scratch 3.0 版本。

重点 3：第 2.3 节主要介绍 Scratch 软件的两种使用方法，分别是使用在线版和安装离线版，具体操作在下个单元中将详细介绍。

重点 4：第 2.4 节需要我们认识并熟记 Scratch 3.0 软件的界面。

单元三

Scratch 的安装和使用

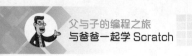
3.1 注册并使用 Scratch 在线版本

大头，我们在上一个单元了解了 Scratch 编程语言的历史、Scratch 的各个版本及两种使用方式，本单元我们要开始学习 Scratch 的安装和使用方法。

好的，爸爸，我跟着你一步一步学习吧！

之前我们讲到 Scratch 有在线使用和离线使用两种方式，我们先讲述在线版本的使用。

爸爸，在线版本是指你前面说的在 Scratch 官网创作吗？

大头，你很聪明呢！使用在线版本就是在计算机连接网络的情况下，登录 Scratch 的官网后就能使用的一种方式。

好的，爸爸我懂了！

打开一台连接了网络的计算机后，在浏览器中输入网址 "https://scratch.mit.edu/"。

进入 Scratch 后，不要忘记在界面最下方切换语言哦，换成 "简体中文" 会更方便操作。

爸爸，我按照你的指示输入网址后，就搞不懂它的使用流程了。

大头，你先别急，我把 Scratch 的在线使用方法用图文标注出来，然后你再按照这个流程操作完，就可以编写 Scratch 程序啦！

1. 打开浏览器，输入官方网址

2. 单击"加入 Scratch 社区"按钮

3. 设置用户名和密码

4. 单击"下一步"按钮

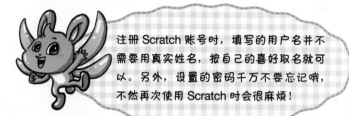

注册 Scratch 账号时，填写的用户名并不需要用真实姓名，按自己的喜好取名就可以。另外，设置的密码千万不要忘记哦，不然再次使用 Scratch 时会很麻烦！

加入 Scratch ✕

你的作答内容不会被公开。
为什么我们需要这项信息 ❓

出生年和月   - 月 - ▼   - 年 - ▼

性别   ● 男 ● 女 ○ [   ]

国家   - 国家 -   ▼

5. 选择出生年月、性别和国家信息

6. 单击"下一步"按钮

① ② ③ ④ ✉   下一步

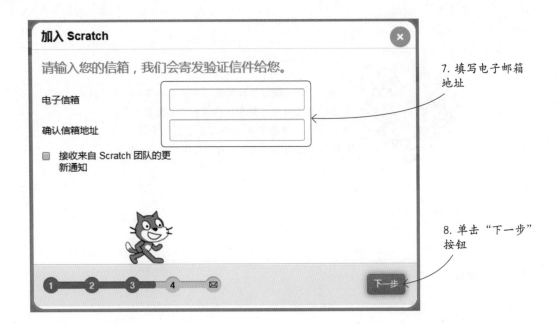

7. 填写电子邮箱地址

8. 单击"下一步"按钮

9. 单击"开始"按钮

这样就完成了 Scratch 的注册，想要分享和评论就要去邮箱中验证哦！

10. 单击"创建"按钮即可进入操作界面

大头，现在我们就来到了 Scratch 的操作界面啦！

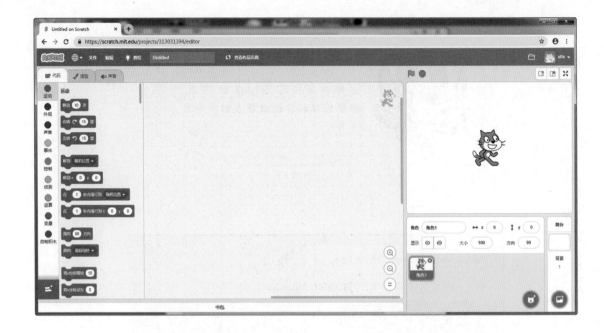

爸爸，我明白啦，在线使用 Scratch 原来需要先注册和登录。

3.2 安装 Scratch 离线版本

大头，Scratch 的在线版本使用方便，只要在计算机连接网络的情况下就可以编程，但是如果没有网络，它就不能继续使用，这是 Scratch 在线版本的一个缺点。为了随时都能使用 Scratch 软件，我们还要学会安装并使用 Scratch 的离线版本。

那我的计算机安装了离线版本的 Scratch 后，就再也不用担心没有网络啦！

是的。下面继续跟随爸爸的脚步，按照图示来安装 Scratch 离线版本吧。

1. 单击"离线编辑器"按钮

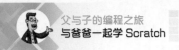

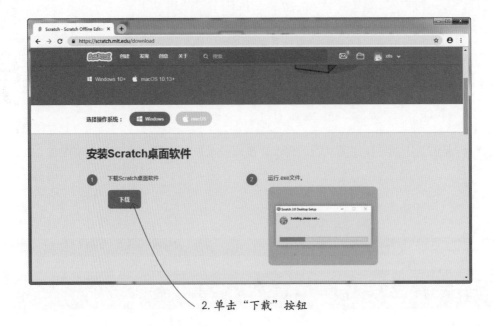

2. 单击"下载"按钮

3. 将安装包保存
到计算机中

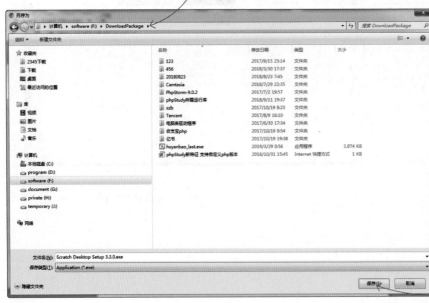

4. 单击"保存"
按钮

大头，Scratch 的安装包下载结束后，双击"Scratch 安装包"，就可以进入安装流程，逐步根据提示完成 Scratch 的安装。

好的，爸爸，你先安装，我接着操作。

5. 双击"Scratch 安装包"

名称	修改日期	类型	大小
Scratch Desktop Setup3.0.exe	2019/5/26 22:38	应用程序	103,722 KB

计算机 › software (F:) › InstallPackage › Scratch3.0

搜索 Scratch3.0

文件(F)　编辑(E)　查看(V)　工具(T)　帮助(H)

组织 ▼　共享 ▼　新建文件夹

☆ 收藏夹
　2345下载
　下载
　桌面
　最近访问的位置

库
　视频
　图片
　文档
　音乐

计算机
　本地磁盘 (C:)
　program (D:)
　software (F:)
　document (G:)

1 个对象

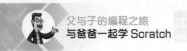
Scratch 正在安装中，要等待一会儿。

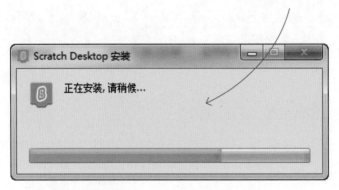

Scratch 安装过程很简单，上面的第 5 步操作完后，等待一会儿，Scratch 就自动安装好了。

大头，我已经完成了 Scratch 离线版本的安装，按照爸爸说的过程你来操作一遍吧！

爸爸，我已经安装好了 Scratch 离线版本，但是我不知道在哪里打开 Scratch 软件。

Scratch 软件安装好后，计算机桌面上就会出现一个 Scratch 的快捷图标，就像下面的图标一样。

双击该图标

双击 Scratch 软件的图标，就可以打开 Scratch 软件啦！

3.3 掌握 Scratch 的使用

打开 Scratch 软件后，马上就进入 Scratch 的工作界面啦！这一小节我们要认识 Scratch 软件的界面和各个功能模块。

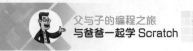

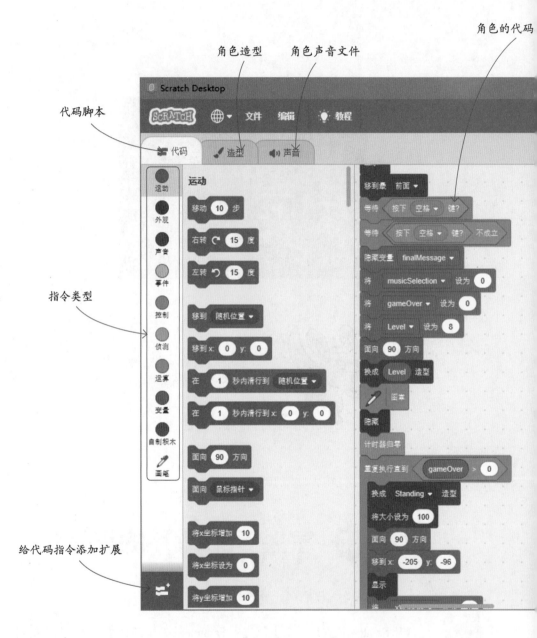

角色造型

角色声音文件

角色的代码

代码脚本

指令类型

给代码指令添加扩展

好的，爸爸，我已经熟记于心了。

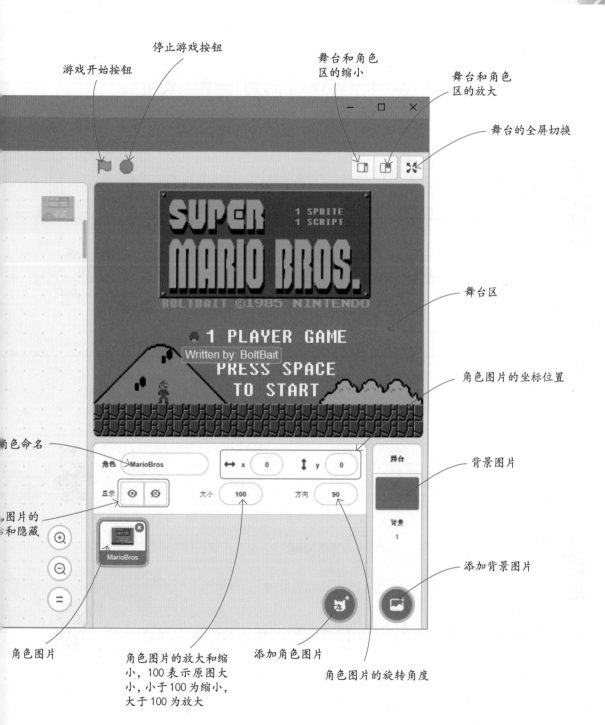

停止游戏按钮

游戏开始按钮

舞台和角色
区的缩小

舞台和角色
区的放大

舞台的全屏切换

舞台区

角色图片的坐标位置

角色命名

背景图片

显示图片的
显示和隐藏

添加背景图片

角色图片

角色图片的放大和缩
小，100表示原图大
小，小于100为缩小，
大于100为放大

添加角色图片

角色图片的旋转角度

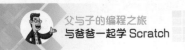

3.4 学会在 Scratch 中添加素材

在使用 Scratch 软件编程时，我们用得最多的操作就是添加各种图片、视频、声音类的素材，在编程之前我们要学会这个技能。

爸爸，编程中还有图片，这是什么意思？

Scratch 是通过搭建积木块式的指令来控制文字、图片、视频和声音，从而编写我们想要的程序作品，作品可以是一个简单的动画，也可以是故事情节丰富的视频，还可以是好玩的游戏等。

爸爸，Scratch 那么厉害啊？

当然，Scratch 的功能还多着呢，我们慢慢发掘吧！

爸爸，我一定要认真学习使用 Scratch 来创作自己喜欢的程序作品！

嗯，你一定可以做到的。先来了解一下角色吧！角色是程序脚本的重要组成部分，在角色编辑区的角色库中选择一个角色添加到脚本中，这样一张张图片就构成了精彩的 Scratch 作品。

1 添加角色

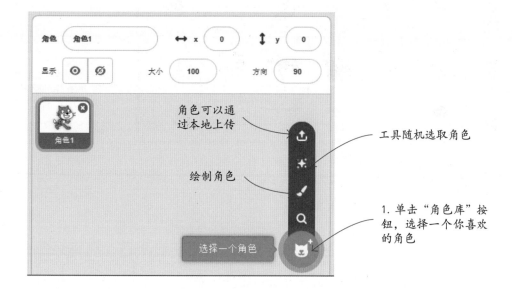

角色可以通过本地上传

工具随机选取角色

绘制角色

1. 单击"角色库"按钮，选择一个你喜欢的角色

爸爸，我知道了，角色就是编写 Scratch 脚本中的图片。

是的，Scratch 角色库中有丰富的图片，直接选取里面的图片就能满足我们的素材需求。

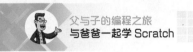
2. 单击选择图片的分类

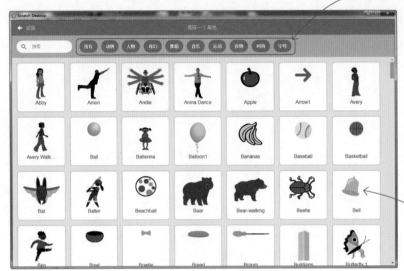

3. 单击你喜欢的图片, 完成角色选取

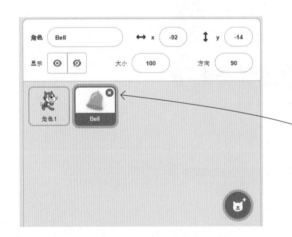

4. 选取的角色被添加到了角色区的列表中, 这样就可以直接使用了

哇, 图片的种类很丰富呢!

2 图片的基础编辑

对呀！跟着爸爸的演示操作还能发现更多乐趣，接下来我们可以对图片进行基础编辑。

好的，爸爸，图片的基础编辑都有哪些呢？

图片的基础编辑就是调整图片的大小、旋转角度、显示与隐藏、在舞台区的坐标位置等。一起来看看它们在 Scratch 中的具体位置吧！

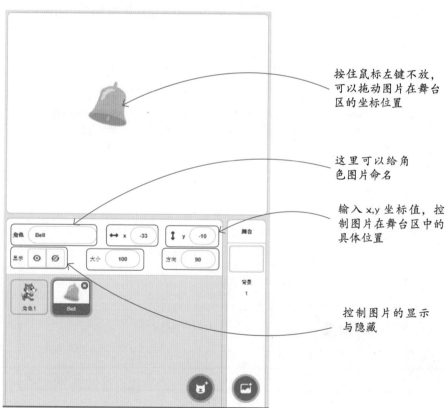

按住鼠标左键不放，可以拖动图片在舞台区的坐标位置

这里可以给角色图片命名

输入 x,y 坐标值，控制图片在舞台区中的具体位置

控制图片的显示与隐藏

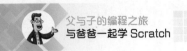

爸爸，我懂了。那如果我想给角色图片添加颜色、改变图片的透明度，怎么操作呢？

哈哈，大头还真会思考问题。Scratch 3.0 版本是可以对图片进行个性化编辑的。例如，调节图片的亮度、饱和度、给图片添加文字，这些都是可以实现的。在编写程序时，如果你想把角色图片制作得很精美的话，可以尝试一下。

爸爸，我感觉 Scratch 不仅能让我学会编程，而且能让我学会设计呀。

是的，大头，学完了本书的知识点，你一定会有很大的收获。下面爸爸就讲解使用 Scratch 调节图片的色彩、亮度等其他编辑操作。

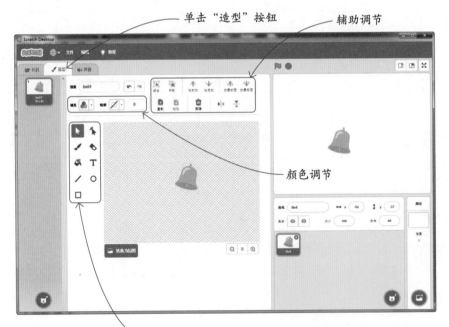

单击"造型"按钮　　　　辅助调节

颜色调节

图片编辑工具箱

大头，在 Scratch 工具的左上部分，单击"造型"按钮，就能直接进入图片详细编辑的窗口界面。接着选择图片编辑工具箱的工具，这样就可以对图片进行编辑啦。

爸爸，工具箱里面的小图标都是做什么用的呢？

图片编辑工具箱的 9 个图标表示操作图片的 9 个工具：

➤ 选择工具，指定当前选择的图片；

✎ 变形工具，可以对图片进行变形操作；

✐ 画笔工具，就好比画画用的笔；

◣ 橡皮擦工具，可以擦掉图片中不要的颜色；

🖌 颜色填充工具，可以对图片进行局部或者全部上色处理；

T 文本工具，可以给图片添加文字；

╱ 画线段的工具；

○ 画圆形的工具；

□ 画矩形的工具。

另外，颜色调节工具，主要是改变图片局部颜色时用来选择颜色值的工具。

辅助调节工具，主要是对图片进行删除、复制、多张图片组合成一张图片的操作。

爸爸，操作图片的知识真多，我先练习一下吧！

好的，大头，有不懂的地方可以查看前面的学习内容，也可以随时问我。

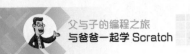
3 给舞台添加背景

> 爸爸，我练习得差不多了。在练习中我发现图片的背景一直是白色的，这是为什么呢？

> 大头，你观察得很仔细。Scratch 舞台区确实全部都是白色的，因为 Scratch 软件默认舞台区为白色背景。假如我们要制作一个海底世界的游戏，组成这种游戏的图片有各种鱼儿和海水，可以先添加一张鲨鱼图片作为角色。

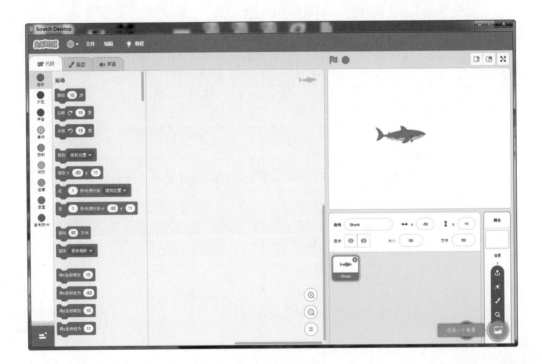

> 爸爸，我发现舞台区除了一条鲨鱼，就没有其他的颜色了，这就是你说的 Scratch 软件默认舞台区为白色的背景吧？

大头说对啦，制作海底世界的游戏，现在还差海水，接下来就要给游戏添加海水背景图啦！下面爸爸讲解在 Scratch 软件中添加背景图的操作方法。

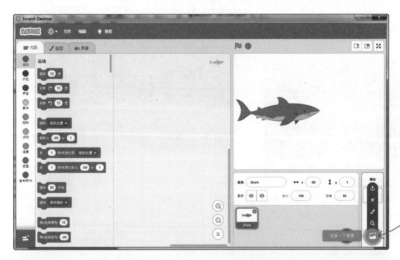

1. 单击"选择角色"按钮

2. 单击背景分类中的"水下"按钮

3. 单击要添加的图片

完成背景图片的添加

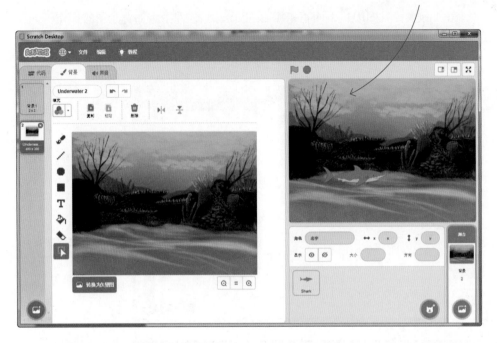

爸爸，添加了背景图就漂亮多啦，这才是海底世界呀，有鲨鱼、海水、海藻，可是鲨鱼没有游动起来。

接下来，我们给鲨鱼加上 Scratch 脚本指令，它就会游来游去啦！操作 Scratch 的脚本指令将在后面的制作游戏中详细介绍。

好的，爸爸，Scratch 软件可以对背景图进行各种编辑吗？

当然可以，它的操作方式和编辑角色图一样。

4 添加声音素材

大头，我们现在学习给 Scratch 游戏中添加声音文件吧！

太好啦，爸爸，Scratch 中还可以添加声音。

是的，具体可以按照下面的操作方法来给 Scratch 游戏添加声音文件。

1.单击"声音"工具栏

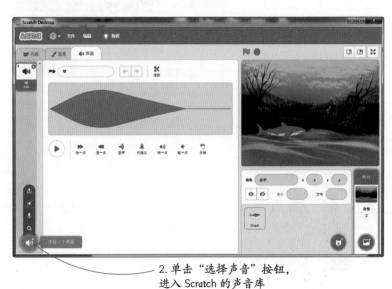

2.单击"选择声音"按钮，
进入 Scratch 的声音库

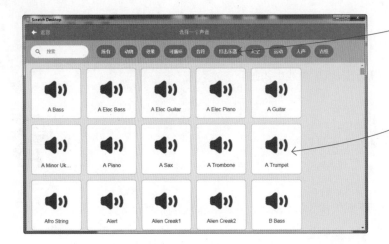

3. 单击"声音分类"一栏

4. 单击需要添加的声音

添加声音后还可以使用"修剪"
工具对声音进行裁剪

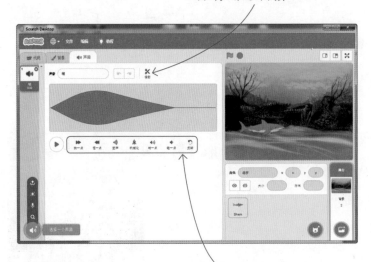

声音的其他操作工具

在制作游戏前需要将角色图片、背
景图片或声音文件先添加齐全哟！

5 导入计算机的图片素材

大头，我们也可以将计算机中保存的图片导入 Scratch 中，作为角色图片或背景图片。

哈哈，有这个功能太好啦，那我就能将自己喜欢的图片添加到 Scratch 软件中了。

认真看爸爸的演示步骤哦！

好的，爸爸，我认真地跟着你一步一步做。

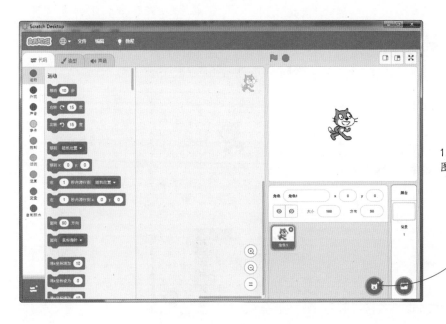

1. 鼠标移到"小猫"
图标的位置

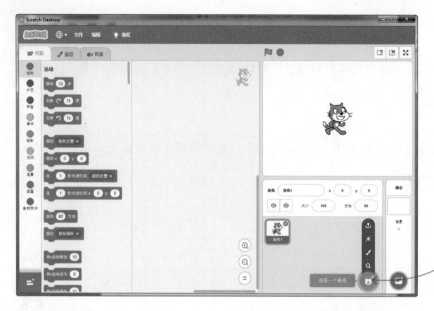

2. 鼠标移到"小猫"图标的位置后，会弹出"选择一个角色"提示框

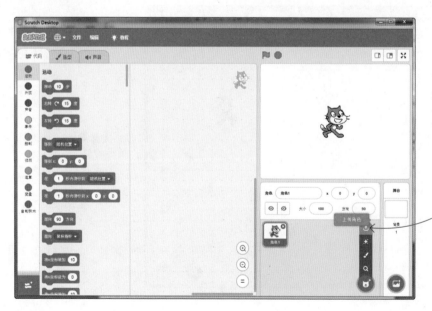

3. 根据提示，单击"上传角色"按钮，打开计算机文件管理器

4. 进入计算机的 D 盘，单击"图片"，表示选中了该文件夹

5. 选中"图片"文件夹后，单击"打开"按钮

6. 将鼠标指针移到要添加的图片上面，再单击选中该图片

7. 选中要添加的图片
后，单击"打开"按钮

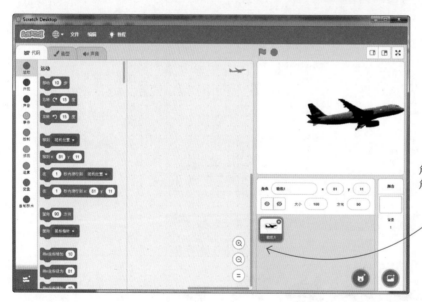

角色图片成功添加到
角色列表中

6 录制声音文件并导入 Scratch

大头，我们在制作游戏时，可以添加一些声音，这样能增加游戏的趣味性。

爸爸说得对，游戏添加声音后玩起来才有趣呀！

我们可以从云端下载游戏中需要的声音素材，也可以用计算机录制声音文件，然后上传到 Scratch 中，下面爸爸教你怎么操作吧！

爸爸，可以使用手机录制声音吗？我觉得用手机方便些呢！

大头问得非常好，手机能录制声音，但是手机录制的声音格式，Scratch 不能直接使用，需要转换成音频文件的格式，这样操作起来就会很麻烦。Scratch 只支持 WAV 格式的声音文件，我们要学会在计算机上下载安装音频录制软件，这样就可以直接录制 WAV 格式的声音文件。

爸爸，在计算机上录制声音需要什么设备呢？

在录制前我们先找个麦克风，将其插入计算机主机的麦克风接口就可以了。

(1) 麦克风插孔
(2) 音箱、耳机插孔
(3) 音频输入插孔

按照图片上的标记来操作，注意别插错了

用最常见的带有麦克风的耳机就可以了，操作简单又方便

爸爸，那么笔记本电脑也可以录制吧？

是的，大头真聪明！

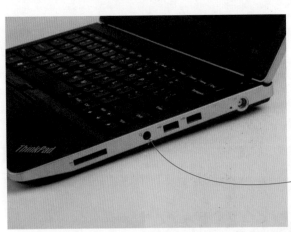

耳机和麦克风接口

爸爸，我的录音设备准备好了，你先操作吧！

感觉你对这个很有兴趣哟，那就跟着爸爸的步骤来操作吧！

1. 在计算机桌面上双击浏览器图标。值得注意的是，每个人使用的浏览器可能不一样，在计算机桌面上浏览器的位置双击就能打开浏览器

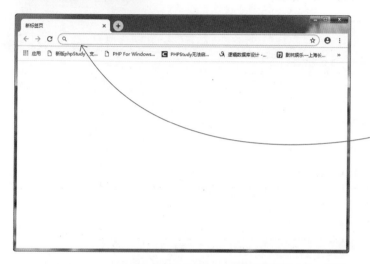

打开浏览器后，界面是这个样子的

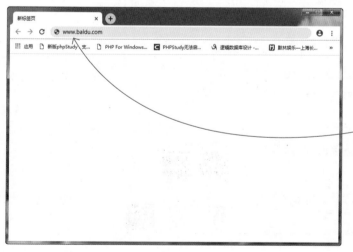

2. 单击"网址输入"一栏，输入"www.baidu.com"，输入完后再按一下键盘上的回车键（Enter 键），就能打开百度网页

这就是进入百度网站后
的界面，要在百度网站
中搜索"讯捷录音"

3.单击该条搜索列表

4. 进入"讯捷录音"官方网站后，单击"立即下载"按钮

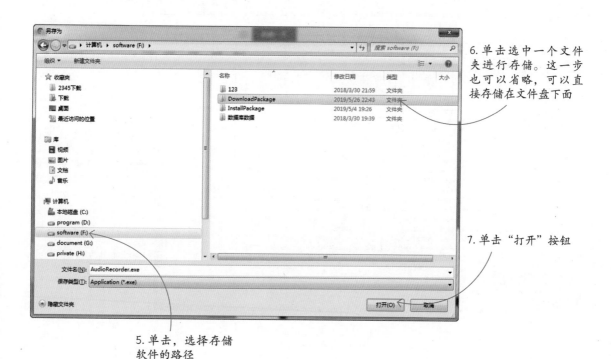

6. 单击选中一个文件夹进行存储。这一步也可以省略，可以直接存储在文件盘下面

7. 单击"打开"按钮

5. 单击，选择存储软件的路径

8.单击"保存"按钮，记得下载的软件保存的位置

9.完成下载后，进入保存软件的文件夹，因为该录音软件是exe格式的，不需要安装过程，所以直接双击就可以使用

10.单击，选择"WAV"格式

11.单击，选择"全部"类型的声音来源

12.单击，选择"更改目录"或"打开路径"，选择保存录音文件的位置

13.单击"开始录制"按钮

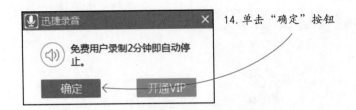

14. 单击"确定"按钮

15. 单击"暂停录制"按钮，表示结束录音，声音文件将自动保存到指定的文件夹中

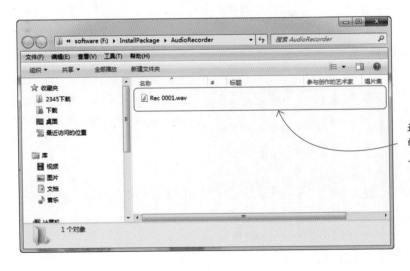

这就是我们录制的 WAV 格式的声音文件

Scratch 软件只支持 WAV 格式的音频播放。

7 给角色添加更多的造型

大头，爸爸现在要讲一个重要的知识点，我们可以给角色图片添加更多的造型，一个造型相当于一张图片。

爸爸，这个技能好啊！

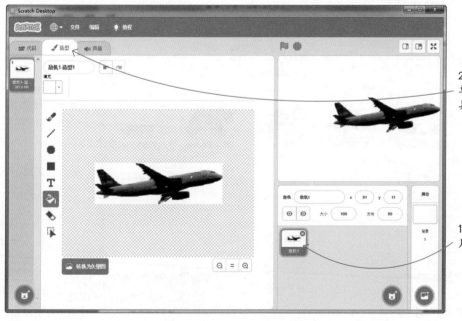

2. 在工具栏中，单击"造型"工具

1. 单击角色图片，选中该角色

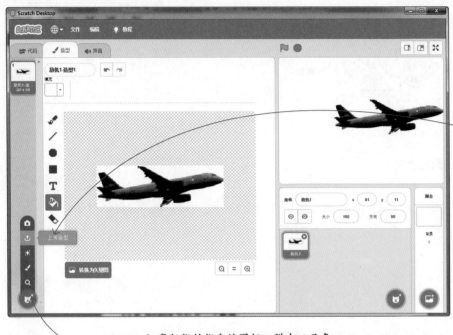

4. 单击"上传造型"按钮，就能打开计算机的文件管理器

3. 鼠标指针指向该图标，弹出工具条

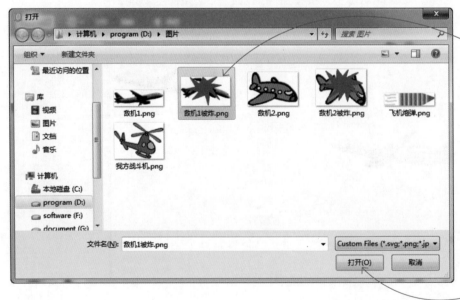

5. 进入文件夹，单击选中要上传的图片

6. 单击"打开"按钮

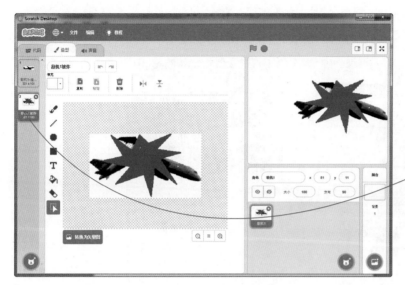

给角色新添加的造型
图片

8 保存游戏文件

大头，我们制作好游戏后需要保存到计算机中，下面爸爸给你演示一下保存 Scratch 游戏的操作。

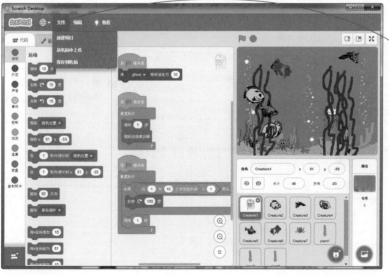

1. 单击"文件"按钮

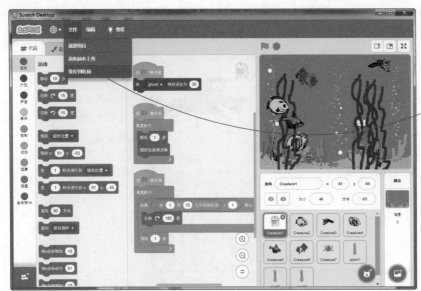

2.单击"保存到电脑"
按钮

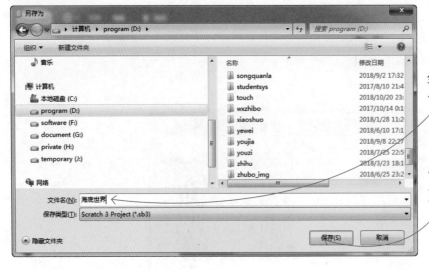

3.单击"文件名"框，
在框内输入游戏名称

4.单击"保存"按钮
后，游戏文件就成功
保存啦

3.5 在 Scratch 中打开一个游戏

大头，我们现在来学习在 Scratch 软件中如何打开一个 Scratch 游戏文件吧！

好的，爸爸。

1. 单击"文件"按钮

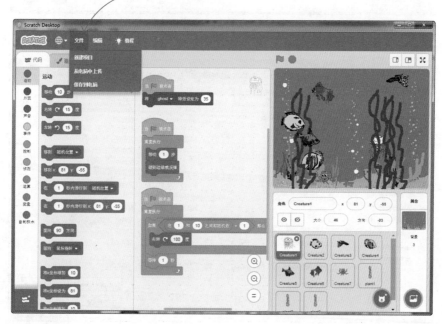

2. 单击"从电脑中上传"按钮

3. 单击要打开的 Scratch 游戏

4. 单击"打开"按钮

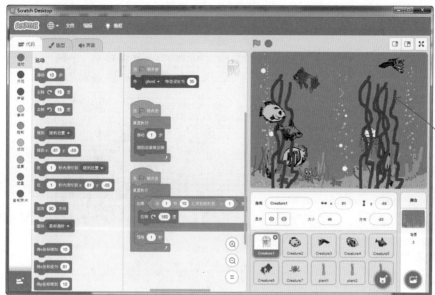

就顺利在 Scratch 软件中打开了游戏文件，这就是打开后的"海底世界"的界面

3.6 代码指令的添加和删除

① 添加代码指令

大头，我们在编写 Scratch 游戏之前，要学会将代码工具中的代码指令添加到代码编辑区中。

好的，爸爸，我觉得这个是比较基础的操作。

2. 单击"代码"工具

3. 鼠标指针移到"移动"代码指令，按住鼠标左键不放，拖动鼠标到代码编辑区，这样就把代码指令添加进来了

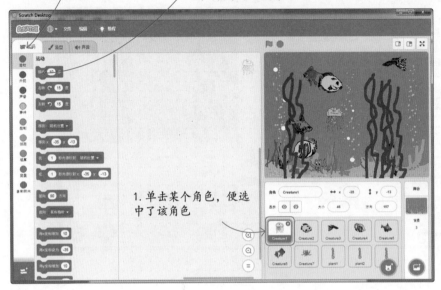

1. 单击某个角色，便选中了该角色

爸爸，我也会了，这个操作很简单呢！

大头，爸爸问你一个问题，我们在编写代码指令时，如果出现了错误该怎么办呢？

那就把错误的代码指令删除，对吧，爸爸？

是的，大头很聪明呢！ Scratch 中可以将错误的代码指令删除，爸爸先操作一遍吧！

好的，爸爸，我已经打开了 Scratch 软件，接下来看你的演示了。

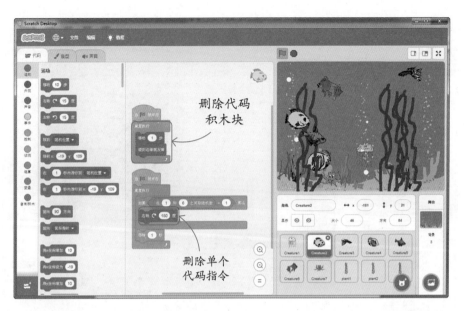

删除代码
积木块

删除单个
代码指令

② 删除代码积木块

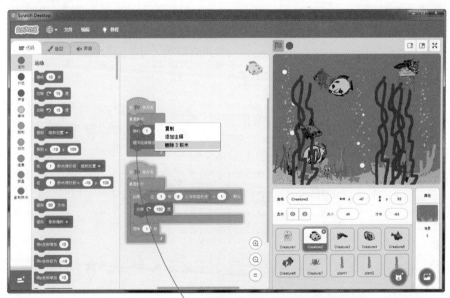

鼠标指针移到"重复执行"指令块上，右击，
再单击选择"删除3积木"选项，代码指令
块就删除啦

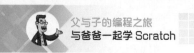

3 删除单个代码指令

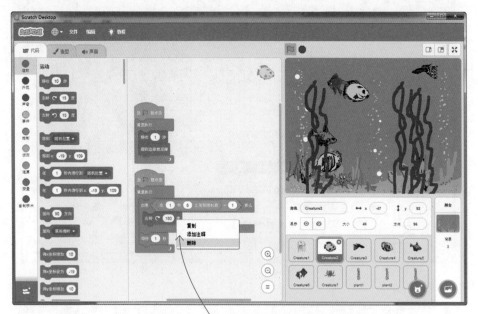

鼠标指针移到"右转"指令上，右击，再单击选择"删除"选项，"右转"指令就删除啦

单元回顾与总结

大头，我们学习的 Scratch 编程，是在编写脚本指令前，将角色图片、背景图片，以及需要用到的声音文件和文字添加到开发工具中。

好的，爸爸，我一定熟练掌握这些基本内容，为后面的知识打下基础。

嗯，你做得很好。现在，我们一起来总结一下本单元的知识点吧！

重点1：第 3.1 节主要介绍注册并使用 Scratch 3.0 在线版本的方法与流程。

重点2：第 3.2 节主要学习下载并安装 Scratch 软件的离线版本。

重点3：第 3.3 节主要认识 Scratch 软件的整个界面和功能模块。

重点4：第 3.4 节主要学习 Scratch 软件中相关素材的添加方法，如如何添加角色图片、背景图片和声音文件，以及对角色图片进行修改等内容，这一节的内容需重点掌握。

重点5：第 3.5 节主要学习如何在 Scratch 中打开一个游戏。

重点6：第 3.6 节主要学习在 Scratch 软件中，如何给角色添加或删除代码指令。

单元四

海底世界

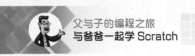
4.1 游戏介绍

大头，上一单元我们主要学习了 Scratch 的安装和基础操作，你必须掌握这些知识点，接下来才能更好地进行 Scratch 编程。

爸爸，我已经掌握了 Scratch 软件的基础操作了。

很好，接下来我们从一个简单的游戏开始学习 Scratch 编程。前面我们简单了解了如何添加代码指令和删除错误的代码指令。但大头应该还不明白什么是指令吧？

对呀，爸爸，指令具体指什么啊？

指令就是人类说给计算机的话，现在我们学习的就是使用 Scratch 语言与计算机沟通，而我们编写的指令可以使游戏按照一定的顺序、命令来运行。

嗯，我懂了，爸爸。

前面我们讲过游戏中有一些包含背景图的图片，我们在正式编写代码指令前，要先把游戏中需要的角色图片和背景图片添加到 Scratch 中。如果你不清楚怎么操作，就回顾一下单元三的内容。

爸爸，我已经打开 Scratch 软件了，现在需要添加哪些图片呢？

我们先添加不同的角色图片，打开角色库，找出一些鱼类图片，分别添加金鱼、带鱼，然后添加乌贼、海草等图片。

爸爸，我已经按照你的指示添加好图片了。

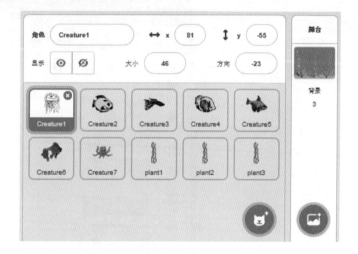

做得很好。大头，我们已经把各种素材添加进来了，我们先来熟悉一下游戏界面吧！

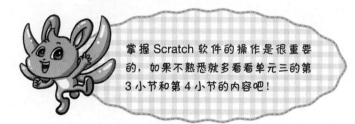

掌握 Scratch 软件的操作是很重要的，如果不熟悉就多看看单元三的第 3 小节和第 4 小节的内容吧！

4.2 预览游戏界面

大头，开始制作游戏前，我们先来认识一下"海底世界"游戏的整个界面吧！

这里可以控制
角色的脚本代
码种类

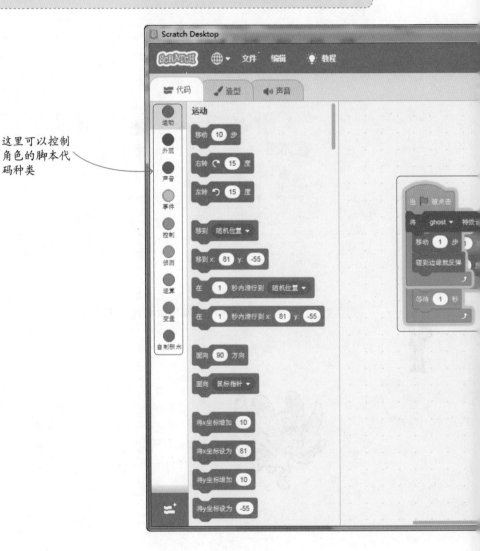

单击"运行"按钮，就可
以开始游戏了

单击"停止"按钮，马上就
能结束游戏

角色对应的
脚本指令

鱼类图片

海水背景图

鱼类和海草的
角色列表

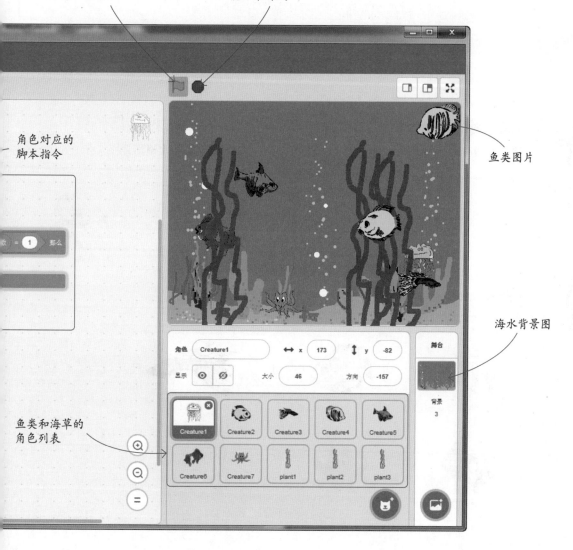

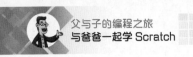

哇，我喜欢这样的海底世界！

很好，大头，那我们开始制作"海底世界"这款游戏吧！

4.3 游戏目标

大头，我们制作这个游戏的目标是学会 Scratch 软件中的两个操作——移动和改变角色造型。其中，移动指令可以帮我们实现鱼儿在水里游动的场景。

我知道了，爸爸，我们是先学习 Scratch 的移动指令吧？

是的，下面爸爸先把游戏中需要用的角色图片列举出来，你对照一下，看看是否全部添加进去了。

 小章鱼　　 小带鱼　　 虾米

 小金鱼　　 乌贼　　 海草

背景图素材

添加了背景图片后，才有了鱼儿在海水中游动的感觉。

我检查过了，没有漏掉任何一张图片。爸爸，添加好角色图片和背景图片后，就可以编写脚本指令了吧？

是的，看来大头越来越有兴趣啦！游戏中的每个角色图片和背景图片都要添加脚本指令，只有这样，制作出来的游戏才会更生动。

4.4 编写代码指令

大头，你知道什么是代码吗？

我想想……编写的指令就是代码吧？

是的。代码，简单地说就是一条一条的文字命令。这些文字命令是可以看到的，代码在执行的过程中，Scratch 软件的解释器可以将它翻译成计算机能够识别的指令，并按照脚本编程的程序顺序执行。Scratch 中常用的代码指令有动作、事件、控制和侦测等。

 事件类型的代码

爸爸，什么是动作、事件、控制和侦测代码指令啊？

后面爸爸会介绍的。使用 Scratch 编写游戏需要代码、造型和声音相互结合起来才能做出一个完整的游戏作品，脚本发出指令，程序按照编写好的指令顺序执行。

假设有个顽皮的小孩先是站着，然后他困了，就想找个凳子坐下来，这时候妈妈叫他到床上去躺着。我们可以将小孩站着看作是一个造型，坐着是一个造型，躺着是一个造型。

我们编写的游戏中需要加入声音时，就可以直接添加声音，能更好地丰富游戏的观赏和玩的效果。

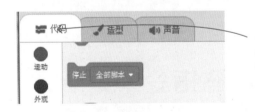

在 Scratch 1.4 和 Scratch 2.0 版本中叫作脚本，
从 Scratch 3.0 开始叫作代码，本书的后文中
都叫作代码

脚本和代码虽然叫法不同，但是它们都能实现同样的效果，那就是由一个一个指令块来编程。

1 在角色列表中，分别给每个角色图片添加指令代码，先给  添加代码指令：

添加事件指令，单击 🚩 时开始游戏。

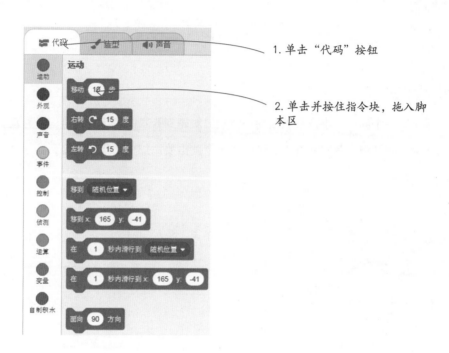

1. 单击"代码"按钮

2. 单击并按住指令块，拖入脚本区

当鼠标在指令块上变成小手时，就能将它轻松拖入脚本区啦！

2 鱼类是在水中来回游动的，所以需要将代码指令全部添加到重复执行指令块内部。

重复执行指令块

❸ 将移动的代码指令投入重复执行指令内部，就能够控制小章鱼不断地向前游动。

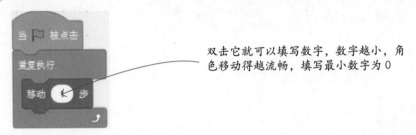

双击它就可以填写数字，数字越小，角色移动得越流畅，填写最小数字为 0

❹ 在第 3 步中有一个问题，小章鱼不断向前游动，触碰到背景图边缘时还会向前移动，这时它就移出了背景图区域，我们就看不见了。接下来就需要添加一个代码指令，让小章鱼碰到背景图边缘时就反弹。

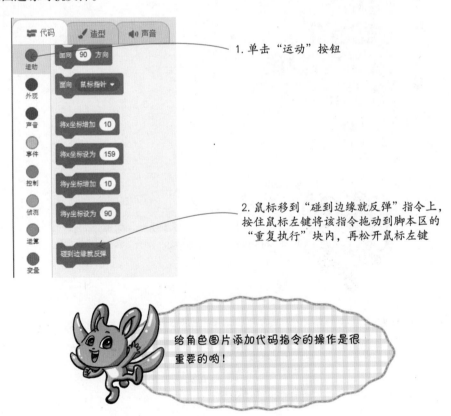

1. 单击"运动"按钮

2. 鼠标移到"碰到边缘就反弹"指令上，按住鼠标左键将该指令拖动到脚本区的"重复执行"块内，再松开鼠标左键

给角色图片添加代码指令的操作是很重要的哟！

给小章鱼添加反弹指令块，并且添加到重复执行代码块内。完成图中的操作，我们就成功了一半。

5 小章鱼在水中上升、下降，向前和向后游动的角度是通过舞台区的坐标点来控制的，所以我们要给它设置随机数的坐标位置。

接下来，我们需要添加随机数代码指令，并且将该指令拖入条件指令中。

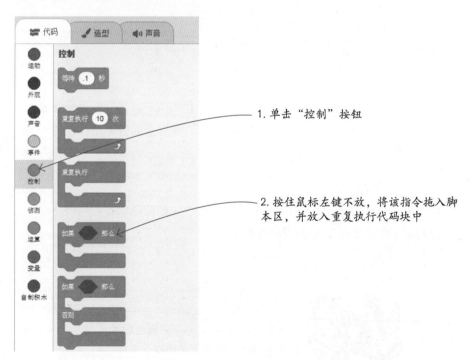

1.单击"控制"按钮

2.按住鼠标左键不放，将该指令拖入脚本区，并放入重复执行代码块中

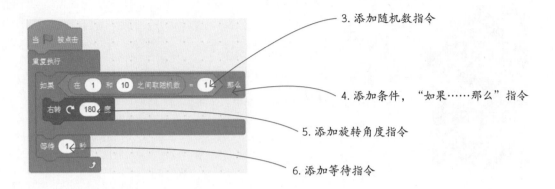

3. 添加随机数指令

4. 添加条件，"如果……那么"指令

5. 添加旋转角度指令

6. 添加等待指令

6 在这个游戏中，游动的角色图片有各种鱼类和乌贼，他们的代码指令基本都一样，唯一不同的就是游动的随机坐标取值不一样，我们按照小章鱼的脚本指令分别给其他的鱼类添加代码指令，再给每个角色设置不同的随机坐标数值。

大头，海底世界游戏所需的代码指令都添加好啦，你有遇到什么问题吗?

爸爸，我按照您的指示，先给小章鱼添加了代码指令，然后将指令复制给其他的角色，可是我开始运行游戏时，怎么每种鱼的游走路线都是一样的呢?

因为复制的功能就是重复呀，你只需要把每个角色的随机数代码指令设置的不一样，就不会出现这样的问题啦。

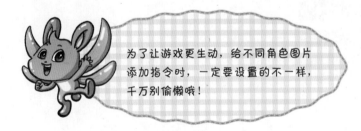

为了让游戏更生动，给不同角色图片添加指令时，一定要设置的不一样，千万别偷懒哦!

单元回顾与总结

大头，又到了总结知识点的环节了！本单元我们学会了使用简单的指令来编写游戏，如移动、重复执行和等待的脚本指令，这些操作在后面制作游戏时会经常用到哦！

好的，爸爸！现在我已经学会了做第一个游戏，我要多多练习，这样才能编写出更多好玩的游戏。

本单元以游戏的制作来贯穿 Scratch 的基础知识。

1. 掌握什么是事件，在 Scratch 编程中事件是游戏的起点。

2. 知道脚本的概念，脚本、造型和声音是编写游戏作品不可或缺的 3 个部分，熟练使用脚本编辑区域中的脚本指令。

3. 本章的游戏案例中，用到了重复执行、移动、等待、角色的造型、反弹等编程指令，一定要熟练掌握哦。

单元五
领空保卫战

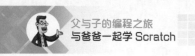
父与子的编程之旅
与爸爸一起学 Scratch

5.1 游戏介绍

大头，爸爸给你讲一个故事。有个小岛国家，他们的领空受到了其他国家战斗机的侵扰，为了保卫国家、人民，飞行员驾驶轰炸机反击敌方。本单元我们就根据这个故事来制作一款保卫领空的战斗游戏，你感兴趣吗？

好哇，爸爸，我很喜欢玩战斗类的游戏，我要把制作好的游戏分享给同伴们，让大家一起来玩。

可以呀！那爸爸来考考你，空战游戏中必须要有哪些角色？

这个问题难不倒我，当然要有飞机、高射炮、战斗机和各种轰炸机啦！

哈哈，大头真聪明。那我们就先在游戏中添加各种样式的飞机、战斗机的角色图片，还有天空背景图片吧！

爸爸，这款游戏需要的角色和背景图片能在图片库找到吗？

制作这个游戏需要的图片是要从本地计算机导入 Scratch 中的，我们需要将该游戏的素材从云端下载下来，如果不熟悉的话，可以回看单元三的第 4 小节的第 5 个知识点。

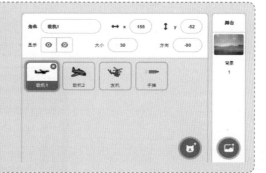

爸爸，图片素材我已经准备好了，开始吧！

5.2 预览游戏界面

大头，在制作领空保卫战游戏前，我们先来看看它的游戏界面长什么样吧！

控制角色的
代码指令

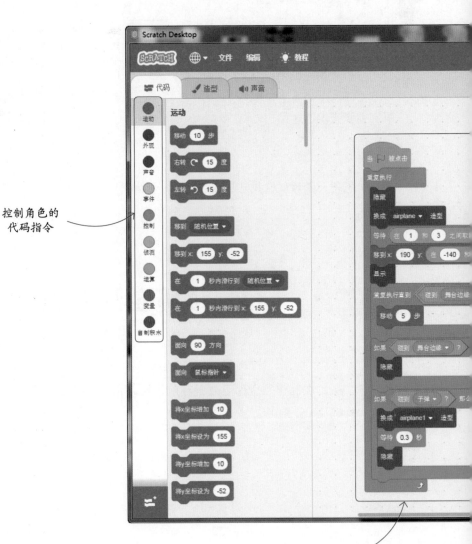

敌人 1 对应的代码指令

单击"运行"按钮，就可以
开始游戏了

单击"停止"按钮，
马上就能结束游戏

我方战机

敌机2

敌机1

背景图列表

角色列表

哇，领空保卫战的游戏界面看起来真酷炫！

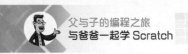
5.3 游戏目标

在本单元中，我们的游戏目标是学会 Scratch 的另一个技能 —— 通过滑动鼠标来控制游戏中飞机的起飞或降落。简单来说，就是上下滑动鼠标时，指定的角色图片也会跟着上下滑动，最后呈现出飞机边移动边发射炮弹的效果。

我知道了，爸爸，这个游戏的重点就是控制炮弹在不同的高度发射，尽量打中敌机。

大头，你理解得很到位。我们先做准备工作，把需要的角色图片和背景图准备好！

 我方战斗机：在 Scratch 的角色列表中命名为"友机"。

 敌机1：在天空中，敌人的大飞机向我方领空侵扰。

 敌机1被炸毁的造型。

 敌机2：在天空中，敌人的战斗机侵略我方领空。

 敌机2被炸毁的造型。

 我方战斗机发射的炮弹。

天空背景图

6张角色图片和1张背景图片缺一不可哦。

好的，爸爸，我已经准备好所有需要用到的图片。

5.4 编写代码指令

1 打开 Scratch 软件，按照5.3 小节给出的角色图片和背景图片依次从图片库添加到 Scratch 中。所有的图片添加好后，现在就开始编写代码指令。

添加事件指令，当单击▶时开始游戏。

游戏的操作规则：1. 在舞台区上下拖动鼠标，战斗机就会跟随着鼠标的箭头指针上下移动；

2. 单击鼠标，可以发射炮弹，击中敌机。

113

给我方战斗机添加代码指令

当敌机从右边飞来时，我方战斗机就要将其拦截，并炸毁

敌机从远方不同的高度飞过来，我方战斗机就要上升或下降到和敌机一样的高度，将其炸毁

在角色列表中单击，选中友机

游戏开始时，将我方战斗机的 x 坐标设置为 −180，y 坐标设置为在 −180 到 180 之间，由于 y 坐标是一个取值范围，所以在 Scratch 中添加侦测代码脚本"鼠标的 y 坐标"就可以了

添加重复执行的代码脚本，控制战斗机的上升和下降

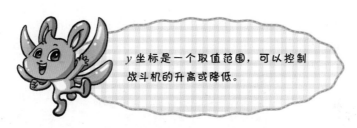

y 坐标是一个取值范围，可以控制战斗机的升高或降低。

② 给"敌机1"角色图片添加代码指令。

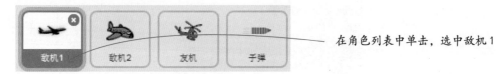

在角色列表中单击，选中敌机1

在游戏开始时，敌机1需要先隐藏起来，从天空的任意高度飞过来。

敌机是从游戏背景图边缘出现并飞进来的，所以先将敌机1隐藏

切换敌机1没有被轰炸的造型

为了使游戏动画流畅，添加一个等待时间指令

坐标点设定之后，添加显示指令

敌机1出现的坐标点：x设置为190，y为坐标在 −140 到 140 之间的随机数

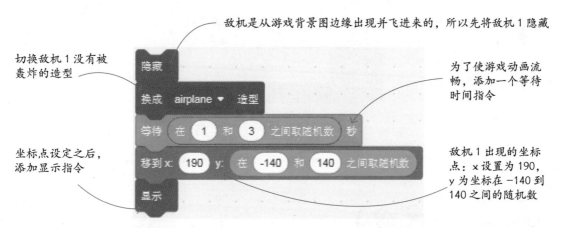

添加"移动"代码指令，可以控制敌机1向前方飞，并且将"移动"代码指令放在"重复执行"指令内。

敌机1移动5步后，还需要不断地向前移动。这时就要将"移动"指令添加到"重复执行"指令中，制作出敌机1不断向前飞的动画效果

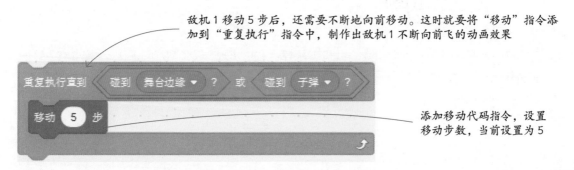

添加移动代码指令，设置移动步数，当前设置为5

115

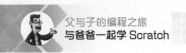
③ 看敌机1是否被炮弹打中。敌机1在向前飞时，如果被我方战斗机发射的炮弹打中，敌机1的角色将切换成被摧毁的造型，然后消失。

在角色列表中单击，选中战斗机

添加条件指令，如果敌机1碰到炮弹，就被炸毁，敌机1的角色图片切换为airplane1造型，表示被炸毁，然后消失

如果敌机1没有被炮弹打中，那么就会一直向前飞行，直到飞到背景图片的最左侧，最后消失。

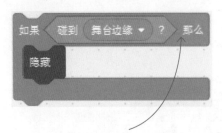

添加条件指令，如果敌机1飞到了舞台边缘就隐藏

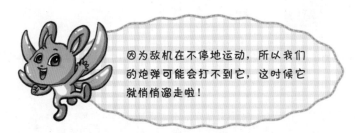

因为敌机在不停地运动，所以我们的炮弹可能会打不到它，这时候它就悄悄溜走啦！

④ 一起来看敌机1的完整代码指令。敌机1从舞台右边出现，一直往前飞到舞台最左侧边缘的完整代码指令。

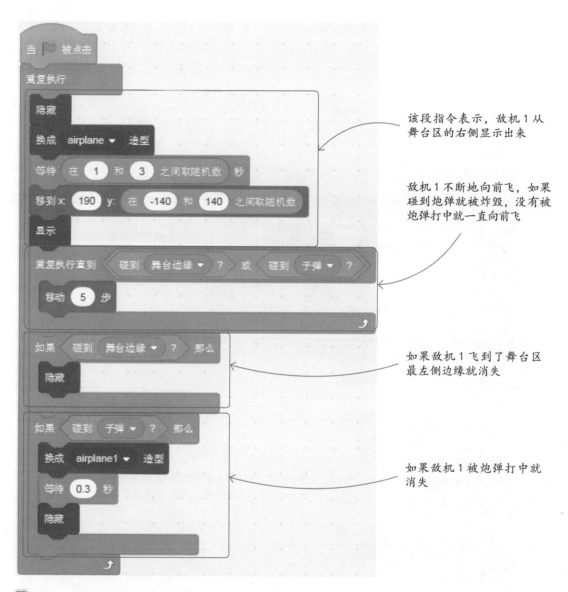

该段指令表示，敌机1从舞台区的右侧显示出来

敌机1不断地向前飞，如果碰到炮弹就被炸毁，没有被炮弹打中就一直向前飞

如果敌机1飞到了舞台区最左侧边缘就消失

如果敌机1被炮弹打中就消失

⑤ 给"敌机2"角色图片添加代码指令。

在角色列表中单击，选中敌机2

　　敌机 2 和敌机 1 都是从舞台区右侧向前飞进来的，它和敌机 1 的代码指令是完全一样的，下面主要讲解敌机 2 完整的代码指令。

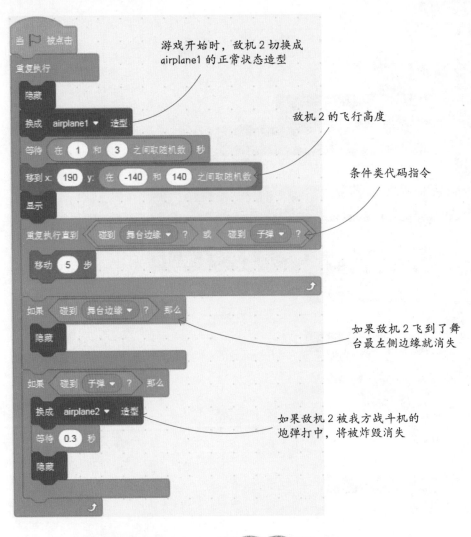

游戏开始时，敌机 2 切换成 airplane1 的正常状态造型

敌机 2 的飞行高度

条件类代码指令

如果敌机 2 飞到了舞台最左侧边缘就消失

如果敌机 2 被我方战斗机的炮弹打中，将被炸毁消失

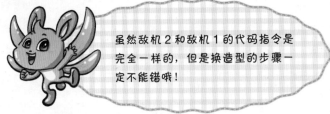

虽然敌机 2 和敌机 1 的代码指令是完全一样的，但是换造型的步骤一定不能错哦！

6 给"子弹"角色图片添加代码指令。

在角色列表中单击，选中子弹

前面我们说过，炮弹是我方战斗机发射的，单击鼠标就能发射炮弹并打中敌机。

先把角色列表中的"子弹"隐藏起来。

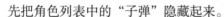

看到敌机出现后，单击鼠标，炮弹从战斗机的发射筒发射出来。

炮弹发射的高度和战斗机的坐标位置一致

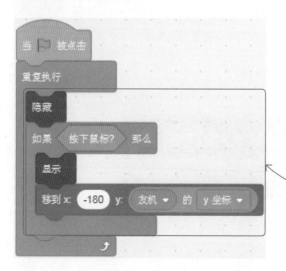

因为战斗机需要不断发射炮弹，所以这一部分的指令块要放入"重复执行"的指令内

添加"移动"指令，并且放入"重复执行"指令中，表示炮弹在不断地向前飞

炮弹发射出来后，会不断向前飞行，直到打中敌机或飞出背景图边缘后消失

将"移动"指令放入"重复执行"指令内，战斗机发射的炮弹会不断飞行

炮弹从发射出来、炸毁敌机、飞出背景图边缘的完整代码指令

发射炮弹时，"重复执行"的指令是关键，千万不要忘记哦！

单元回顾与总结

大头，本单元的游戏是不是很好玩？掌握了制作空战游戏的方法后，我们也能制作出惊险刺激的战斗类游戏呢，只要你对所学的知识加以灵活运用，还能创作更多好玩的游戏，记得多多练习哟。

真是太好玩了，我要好好练习，然后制作出更多好玩的游戏。

嗯，不错。现在我们来梳理一下本单元要掌握的知识点吧！

1. 控制角色图片在什么时候隐藏或显示。

2. 本单元的游戏制作中第一次用到了控制脚本，也就是"如果……那么……"，以及随机数脚本。

3. 不同的脚本指令组合到一起会出现不一样的效果，我们要学会用不同的思维来设计游戏，这样就能快速提高制作游戏的水平。

大鱼吃小鱼

6.1 游戏介绍

大头，还记得以前我们去夏令营时看到的海底世界吗？那一次我们还见到了各种各样的鱼呢！

记得啊，爸爸，海底世界是我最喜欢去的地方了。

那今天爸爸教你制作一个海底世界的游戏好不好？在这款游戏里会有各种鱼类，它们在水中自由自在地游。不过，当大鱼遇到小鱼时就会一口吃掉小鱼，所以我们制作的这款游戏就叫"大鱼吃小鱼"。

爸爸，吃小鱼的大鱼是鲨鱼吗？我知道海底有肉食鱼类，如鲨鱼就会吃其他鱼类。

没错，看来大头的知识面很丰富呀！你是怎么知道这些常识的呢？

我们的科学课本上有讲过鲨鱼啊，鲨鱼有锋利的牙齿，它属于肉食鱼类，专吃海中的一些小鱼。

原来是这样，那我们就在游戏中放入一条大鲨鱼，专吃那些小鱼。记得从云端下载图片素材后，再导入 Scratch 中哟。

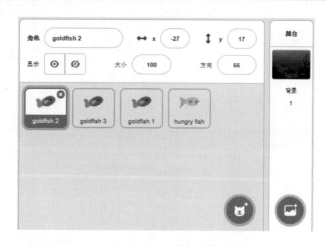

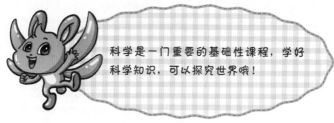

科学是一门重要的基础性课程，学好科学知识，可以探究世界哦！

6.2 预览游戏界面

大头，在制作大鱼吃小鱼的游戏前，我们还是先来看看它的游戏界面吧！

单击"运行"按钮，就可
开始游戏

控制角色的代码指令

相应角色对应
的代码指令

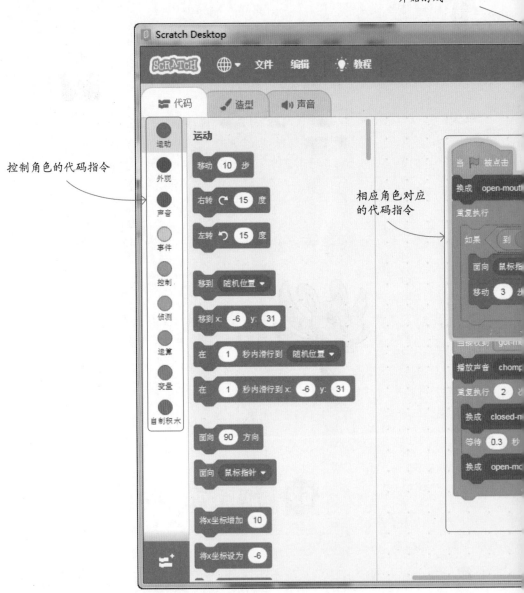

单击"停止"按钮，立即
结束游戏

鲨鱼

小鱼

角色　hungry fish　↔ x　62　↕ y　27

显示　◉　∅　大小　70　方向　-41

goldfish 2　goldfish 3　goldfish 1　hungry fish

舞台

背景
1

背景图列表

角色列表

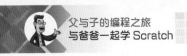

爸爸，虽然 3 条小鱼长得一模一样，但它们的位置和动作完全不同呢！

大头的观察能力越来越强了，值得表扬！

6.3 游戏目标

神秘的海底世界来了一群鱼，有食肉的大鱼，还有活泼可爱的小鱼，那些大鱼以小鱼为食，可怜的小鱼总是逃不掉被吃的厄运。

爸爸，在玩游戏时，我自己就是大鱼，我要吃掉那些小鱼。

大头，通过前面两种游戏的制作，会发现不同的游戏有不同的场景，而且玩法也不一样。所以，我们在编写这款游戏程序之前，要先设计玩游戏的方式。

嗯，爸爸说得对，之前我们设计的游戏需要配合鼠标的移动来完成。

是的，设计这款游戏时我们也要发挥鼠标的用处。我们要通过拖动鼠标的方式让大鱼游来游去，当大鱼碰到小鱼时，它就张大嘴巴吃掉小鱼。这次我们需要准备的素材很少，一起来看看吧！

 小鱼：在海底的小鱼会被鲨鱼吃掉。

 鲨鱼：海底比较强的肉食鱼类，在海底游来游去，专门吃小鱼。

海洋底部背景图

两张角色图片和一张背景图，可以在本书提供的素材里找到哦。

6.4 编写代码指令

1 打开 Scratch 软件，按照 6.3 节给出的角色图片和背景图片依次从图片库中添加到 Scratch 中。

所有的图片添加好后，就可以开始编写代码指令了。

添加事件指令，当单击 ⚑ 时开始游戏。

游戏的操作规则：1. 在舞台区上下拖动鼠标，鲨鱼就会跟随鼠标的箭头指针上下移动；

2. 当鲨鱼碰到小鱼时，鲨鱼直接张开嘴巴吃掉小鱼。

给海底的小鱼添加代码指令

在角色列表中单击，选中
goldfish 2（小鱼）

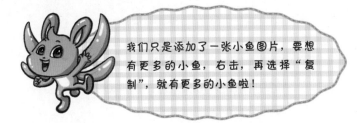

我们只是添加了一张小鱼图片，要想有更多的小鱼，右击，再选择"复制"，就有更多的小鱼啦！

2 在游戏中有 3 条小鱼，每条小鱼的代码指令是一样的，编写好某一条小鱼的代码指令后，其他小鱼的代码指令可以直接复制前面编写好的代码指令。

游戏开始时，显示"小鱼"

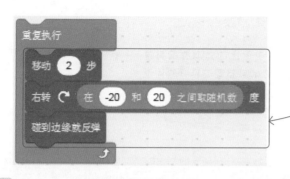

添加"移动"代码指令，并且在 −20 和 20 之间取随机数作为旋转角度，制作小鱼上下左右自由游动的动画效果，并且碰到背景图的边缘就反弹，最后将该部分代码指令放入"重复执行"指令内

3 给"小鱼"角色图片添加代码指令。小鱼碰到鲨鱼的嘴巴时，就被鲨鱼吃掉。我们通过观察会发现小鱼的全身都是金黄色的，鲨鱼的嘴巴是蓝色的，所以在编写代码指令时，可以设计成"当小鱼金黄色的身体碰到了鲨鱼蓝色的嘴巴"时就被鲨鱼吃掉。

该段代码指令可以实现小鱼碰到鲨鱼的嘴巴时，就被吃掉

这里需要用到"侦测"指令哦。

将该代码指令作为条件，添加到条件类"如果"指令中

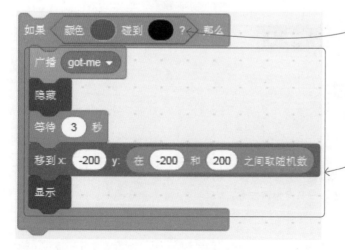

小鱼碰到鲨鱼的嘴巴时，广播"got-me"指令，向鲨鱼发出吃掉小鱼的指令，小鱼被吃掉后消失。等待3秒在x坐标为 −200，y坐标在 −200 和 200 之间的随机数的位置出现新的小鱼

"侦测"指令中给出的样本并没有这两种颜色，可以用吸管工具吸取你要用的颜色哦。

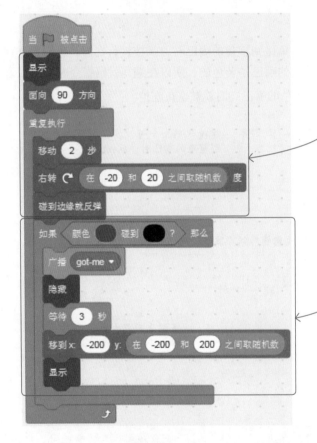

小鱼游动的代码指令块

小鱼被鲨鱼吃掉的代码指令块

这就是"大鱼吃小鱼"的完整代码指令，一共分为两部分。

4 给"鲨鱼"角色图片添加代码指令。

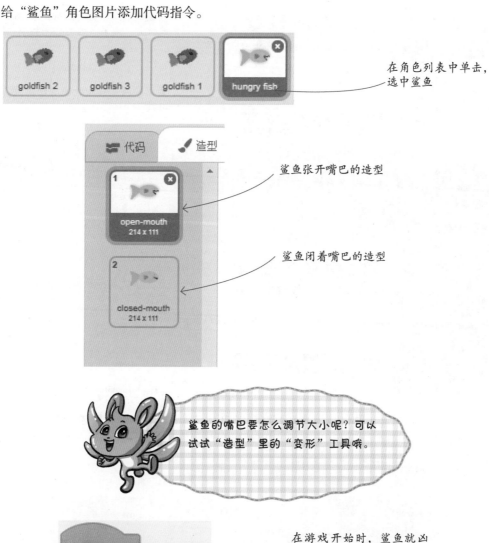

在角色列表中单击,
选中鲨鱼

鲨鱼张开嘴巴的造型

鲨鱼闭着嘴巴的造型

鲨鱼的嘴巴要怎么调节大小呢?可以
试试"造型"里的"变形"工具哦。

在游戏开始时,鲨鱼就凶
狠狠地张开大嘴巴

该代码指令可以在"侦测"中找到,表示鲨鱼跟着鼠
标的箭头指针在舞台区游动,将该指令作为条件,添
加到条件类的"如果"指令块中。

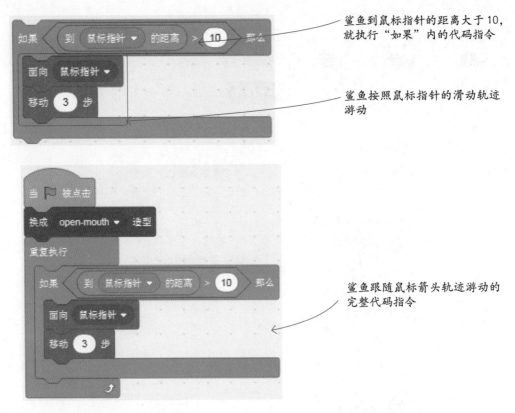

鲨鱼到鼠标指针的距离大于10，就执行"如果"内的代码指令

鲨鱼按照鼠标指针的滑动轨迹游动

鲨鱼跟随鼠标箭头轨迹游动的完整代码指令

5 鲨鱼的嘴巴碰到小鱼，就会吃掉它，游戏程序中通过接收"got-me"广播来实现鲨鱼张开嘴巴吃掉小鱼。

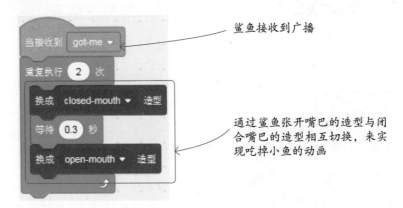

鲨鱼接收到广播

通过鲨鱼张开嘴巴的造型与闭合嘴巴的造型相互切换，来实现吃掉小鱼的动画

"广播"指令是很重要的哟，而且用起来也很方便。

单元回顾与总结

大头，本单元游戏的代码编写是不是很简单？需要用鼠标的箭头指针来控制角色时，我们通常都需要角色"面向"鼠标，然后跟随鼠标的箭头指针的移动轨迹而移动。

爸爸，虽然确实简单，但我依然会好好练习的。因为我觉得要想制作出好玩的游戏，角色跟随鼠标的箭头指针的移动而运动，这一环节应该很重要。

没错，所以你要牢记本单元的知识点。

1.角色的运动轨迹是跟随鼠标的箭头指针改变的。

2.一个角色的两种造型在相互切换时，可以制作成动画效果，如鲨鱼的嘴巴张开和嘴巴闭合。

3.脚本指令不是固定不变的，要想改变游戏的动画效果，就得发散自己的思维，好好设计。

单元七

守株待兔

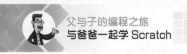
7.1 游戏介绍

大头，你还记得语文课上我们学过"守株待兔"的故事吗?

记得，爸爸，我还知道这个故事的寓意，就是做人不能不思进取，做事不要投机取巧，而要主动、积极地做事情。

嗯，对的，这个故事也告诉我们，不要幻想"天上掉馅饼"，不劳而获的想法会害了自己。那么，本单元我们就将这个故事制作成一款故事类型的动画游戏，怎么样?

好哇，我记得故事中有农民、兔子、农田、大树，所以我们制作的游戏一定要包含这些角色图片，对吧?

说得没错，但你没有说全哦，还有背景图、太阳、房屋，记得去云端下载后，再导入 Scratch 中哟。

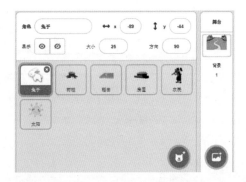

对哦，经爸爸一提醒，我就想起来了。

7.2 预览游戏界面

看来大头的记忆力不错，那爸爸来考考你，开始制作游戏前，我们要做什么？

这个问题我知道答案，要先熟悉游戏的整个界面，这样才能更好地编写代码。

没错，看来大头已经熟悉制作游戏的流程了！一起来看看"守株待兔"游戏的整体面貌吧！

单击"运行
游戏就开始

角色对应的代码指令

控制角色的代码指令

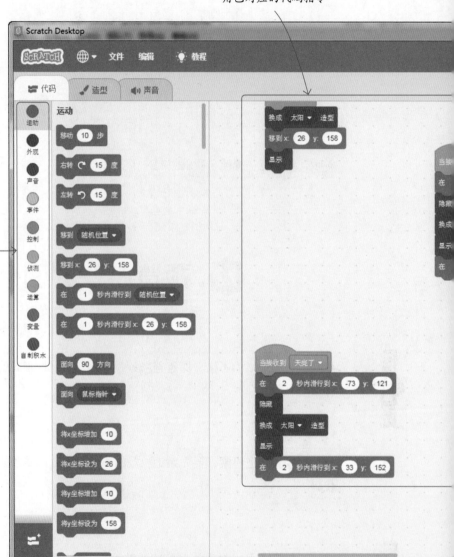

单击"停止"按钮，立即结束游戏

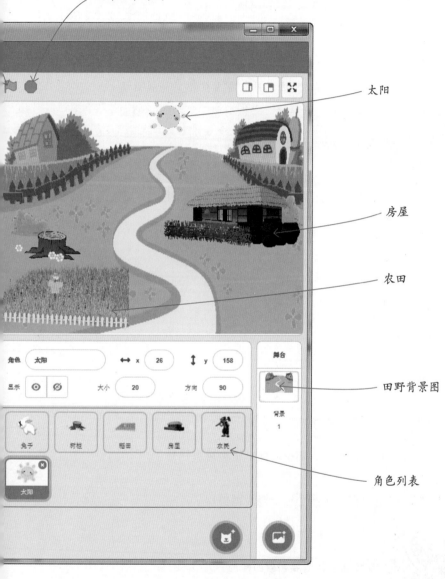

太阳

房屋

农田

田野背景图

角色列表

这个小村庄看起来真美，我最喜欢那个稻草人啦！

7.3 游戏目标

在本单元，我们要学习的是一个故事类动画游戏，需要严格按照故事情节的发展顺序编写代码，简单来说，就是将"守株待兔"的故事改编成一部动画片。

制作动画片？太好了，我最喜欢看动画片了，要是我会制作动画片，小伙伴一定会羡慕我的。爸爸，我先去准备素材了！

农民：一天早晨，农民下地干活。

房屋：农民居住的房屋。

稻田：农民的稻田。

树桩：在稻田旁边有一个树桩。

太阳：太阳出来了，万物都苏醒了。

小兔子：一只兔子从田间跑过，一不小心撞到了树桩上。

田间背景图：绿油油的草坪、羊肠小道，以及两栋房子。

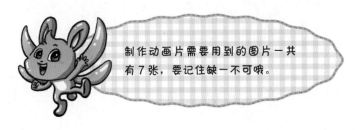
制作动画片需要用到的图片一共有 7 张，要记住缺一不可哦。

7.4 编写代码指令

1 添加所有的图片。打开 Scratch 软件，按照 7.3 节给出的角色图片和背景图片，从图片库依次添加到 Scratch 中。所有的图片添加好后，就能编写代码指令了。

添加事件指令，当单击 🚩 时开始游戏。

将动画中需要的全部角色图片放到背景图片上面

2 认识农民的 7 种造型。在动画片中，农民的角色图片有很多造型，一起来看看吧！

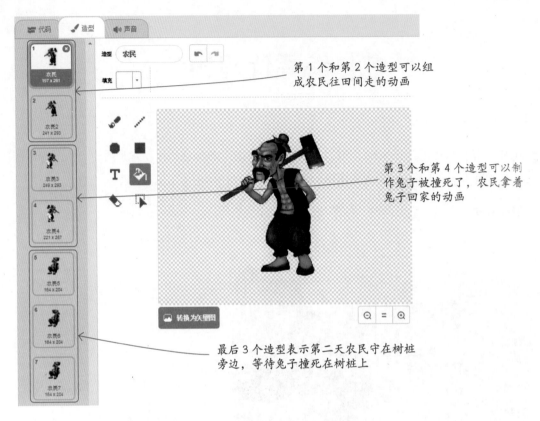

第1个和第2个造型可以组成农民往田间走的动画

第3个和第4个造型可以制作兔子被撞死了，农民拿着兔子回家的动画

最后3个造型表示第二天农民守在树桩旁边，等待兔子撞死在树桩上

农民的7种造型很好区分，看看细微动作就清楚啦！

3 给"农民"角色图片添加代码指令。

在角色列表中单击，选中农民

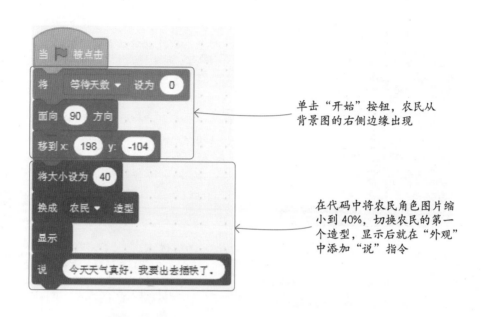

单击"开始"按钮，农民从
背景图的右侧边缘出现

在代码中将农民角色图片缩
小到 40%，切换农民的第一
个造型，显示后就在"外观"
中添加"说"指令

农民图片缩小到 40%，就是将大小
设为 40。

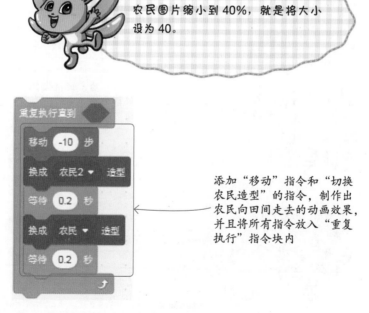

添加"移动"指令和"切换
农民造型"的指令，制作出
农民向田间走去的动画效果，
并且将所有指令放入"重复
执行"指令块内

④ 农民坐在稻田边，看到一个兔子撞死在了树桩上，这时他会停下脚步。

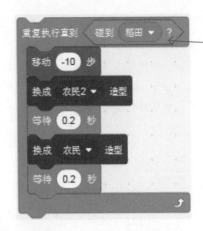

将"碰撞"指令添加到"重复执行"指令的条件中，用来控制农民走到稻田边时停下脚步

农民看到兔子撞死在树桩上便惊奇地说"咦？怎么兔子自己撞树桩上去了？"

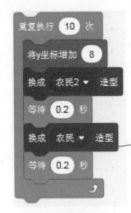

农民见此情形后，恍恍惚惚地朝树桩那边看了看

操作这一步时，记得要更换农民的造型哦。

5 农民停下脚步，反应过来发生了什么事情后便向树桩的方向走去。

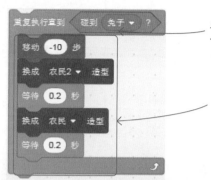

农民朝树桩走去，直到走到兔子旁边才停下来

移动指令并不断切换农民的造型，达成农民向树桩走去的动画效果，记得要将所有指令放入"重复执行"类指令块中

农民走到树桩边，哈哈大笑，自言自语道"哈哈，今天的运气真不错……"

添加"广播"指令，兔子被拎起，农民转身准备回家，代码指令切换成"农民3"的造型

广播指令很重要，小朋友们要留意哦。

6 农民拎着兔子回家，在编写代码指令的时候要注意向房屋的方向走去。

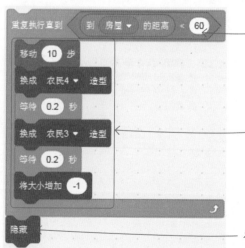

农民往房屋走去，直到与家的距离小于60步，角色消失，表示他已经进屋啦

移动指令和不断切换农民3、农民4的造型（拎着兔子），呈现出回家的动画效果，别忘了要将所有指令放入"重复执行"类指令块内

农民进屋后就消失了

添加"天黑了"的广播指令 广播 天黑了 ▼ 和"天亮了"的广播指令 广播 天亮了 ▼ ，达成时间从晚上过渡到第二天的动画效果。

从天黑到第二天的动画效果

从天黑到第二天的画面的制作，主要是靠"事件"中的"广播"指令来完成。

7 第二天早晨，农民起床后准备到树桩边守候，等待其他兔子再撞到树桩上。

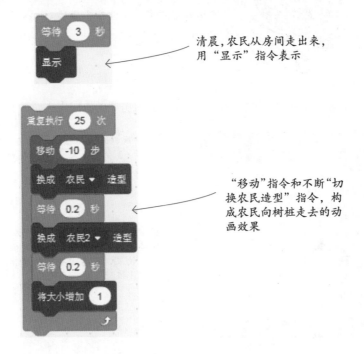

清晨，农民从房间走出来，用"显示"指令表示

"移动"指令和不断"切换农民造型"指令，构成农民向树桩走去的动画效果

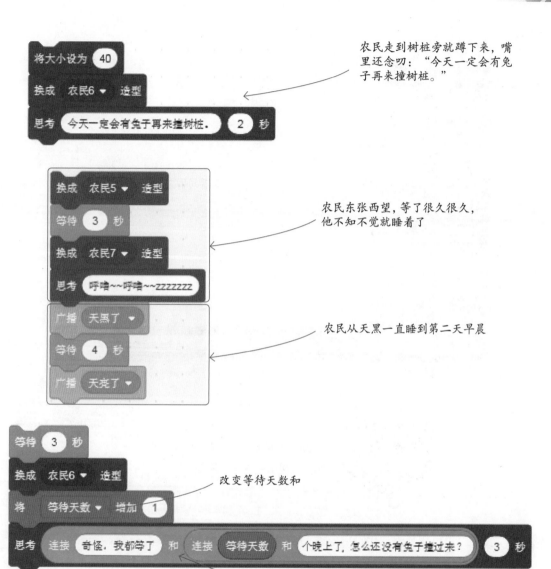

将大小设为 40
换成 农民6 ▼ 造型
思考 今天一定会有兔子再来撞树桩. 2 秒

农民走到树桩旁就蹲下来，嘴里还念叨："今天一定会有兔子再来撞树桩。"

换成 农民5 ▼ 造型
等待 3 秒
换成 农民7 ▼ 造型
思考 呼噜~~呼噜~~ZZZZZZZ

农民东张西望，等了很久很久，他不知不觉就睡着了

广播 天黑了 ▼
等待 4 秒
广播 天亮了 ▼

农民从天黑一直睡到第二天早晨

等待 3 秒
换成 农民6 ▼ 造型
将 等待天数 ▼ 增加 1

改变等待天数和

思考 连接 奇怪, 我都等了 和 连接 等待天数 和 个晚上了, 怎么还没有兔子撞过来? 3 秒

农民说："奇怪，我都等了一个晚上了，怎么还没有兔子撞过来？"

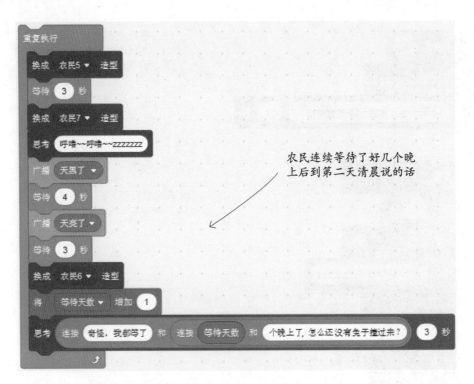

农民连续等待了好几个晚
上后到第二天清晨说的话

"显示""思考""换造型"在"外
观"代码中可以找到哦。

8 给"兔子"角色图片添加代码指令。

在角色列表中单击,
选中兔子

农民往田间走时,一只兔子出现,随后向树桩的方向跑去。

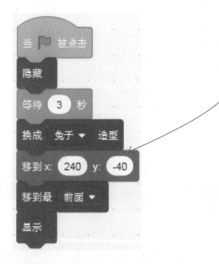

游戏开始，等待3秒，兔子出现在动画的背景图中（240，-40）的坐标位置

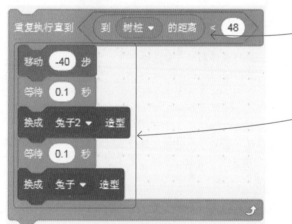

兔子不断向前奔跑，直到撞在树桩上

移动指令和不断切换兔子2和兔子的造型，构成了兔子奔跑的动画效果，需要注意的是，要将所有指令放入"重复执行"类指令块内

切换"兔子3"造型 换成 兔子3 ▼ 造型 ，表示兔子撞到树桩后死亡。

兔子撞死了，要换一个造型哟！

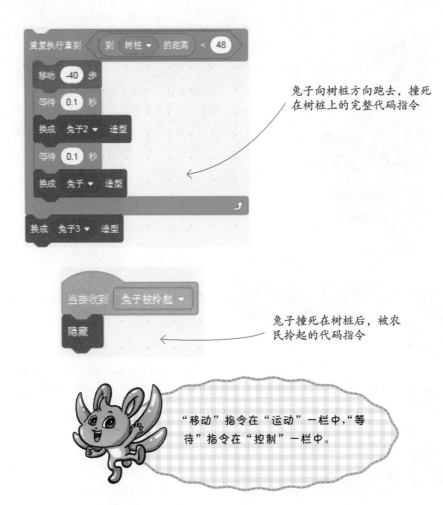

兔子向树桩方向跑去，撞死
在树桩上的完整代码指令

兔子撞死在树桩后，被农
民拎起的代码指令

"移动"指令在"运动"一栏中，"等
待"指令在"控制"一栏中。

9 给"太阳"角色添加代码指令。

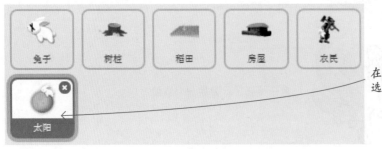

在角色列表中单击，
选中太阳

太阳角色有"太阳"和"月亮"两个造型，太阳和月亮交替切换，表示从天黑到第二天早晨的动画。

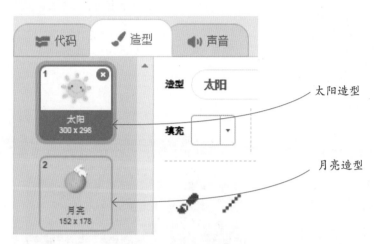

太阳造型

月亮造型

在背景图中，田间路的尽头是太阳和月亮交替升起和落下的地方

太阳落下后，天黑了，月亮就升起来了，这样就到了晚上。

153

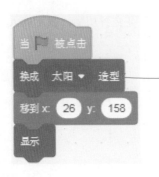

游戏开始的时候是白天，太阳出现在天空中，并且移到（26，158）的坐标位置

当游戏的代码指令接收到"天黑了"的广播后，太阳落山，并且下滑到（-73，121）的坐标位置，此时消失

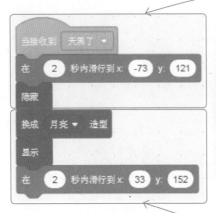

太阳落山

太阳落山后，就到了晚上，这时月亮升起来了，使用"滑动"指令滑行到（33，152）的坐标位置

月亮升起

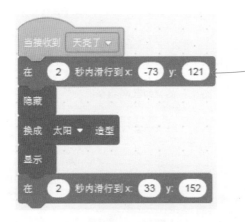

第二天的太阳出来，切换太阳
造型，同时在（-73，121）
坐标位置出现，在2秒内升到
（33，152）的天空坐标位置

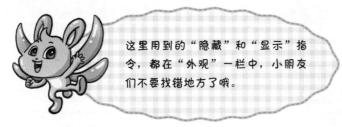

这里用到的"隐藏"和"显示"指
令，都在"外观"一栏中，小朋友
们不要找错地方了哦。

⑩ 注意，在该动画游戏中静止不动的角色图片有"树桩""稻田""房屋"，这些静止的角色图
片需要在天亮和天黑时交替切换明暗度，在白天能看见它们，夜晚就看不到它们，在代码指
令中通过让背景图片变黑和还原交替变化，构成白天和黑夜的效果。

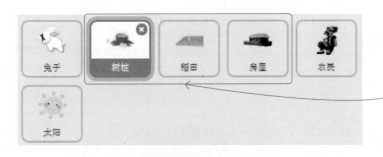

在角色列表中单击，分别选中
"树桩""稻田""房屋"，
这3个静止的角色图片的代码
指令一样

开始游戏时清除"背景变暗"
的特效

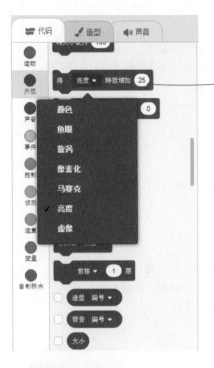

1. 在工具选项中，单击"代码"按钮
2. 单击选中"外观"类代码指令，选择"亮度"类型的代码指令

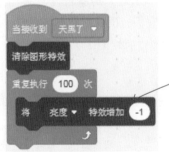

当游戏的代码接收到"天黑了"的广播后，背景图亮度依次减小 1，直到减小 100 次后天空就变黑了

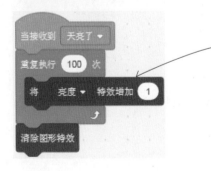

当游戏的代码接收到"天亮了"的广播后，背景图亮度依次增加 1，直到加 100 次后天空就变亮了

单元回顾与**总**结

大头，本单元的守株待兔游戏好玩吧？我们可以根据自己的喜好，编写各种有意思的故事类的动画游戏，制作动画类的游戏能锻炼我们的逻辑思维呢！

真的很好玩，爸爸，我要好好学习动画游戏的制作方法，制作出丰富有趣的动画游戏给小伙伴观看。

你可以做到的，现在来回顾一下本单元要掌握的知识点吧！

1. 使用"广播"指令，通过角色与角色之间的代码指令传递。

2. 背景图明亮度的变化，能呈现出白天和黑夜交替变化的效果。

3. 将故事的发展情节梳理出来，制作出的游戏就像动画片一样，这样会让我们很有成就感。

单元八

小马过河

8.1 游戏介绍

"小马过河"是我们在小学语文课本上学习的一篇故事，故事主要讲述了小马帮妈妈把半袋麦子驮到磨坊去，中途需要穿过一条小河，在过河时遇到了老牛和松鼠，小马询问它们河水的深浅后，仍拿不定主意，最后在妈妈的指引下自己过了河。本单元，我们就通过游戏来还原"小马过河"的场景。

爸爸，我想起来了，小马被小河挡住了去路，第一时间询问了旁边的牛伯伯，牛伯伯说河水很浅刚没过小腿，小马正准备过河时，一只松鼠从树上跳了下来，拦住它并说水很深会淹死它的。小马一时之间不知道该听谁的，只好跑回家问妈妈。

大头，你记忆力真好！本单元我们就要制作这样的场景，不过，我们的游戏中，只有小马和老马这两个主角不变，松鼠变成了小猴子，老牛变成了大象，与课本中的角色有差别，但故事的走向是不变的。

爸爸，我明白，松鼠和小猴子代表的都是"水深"的一方，牛伯伯和大象代表的都是"水浅"的一方，所以，即使换了动物也不影响整个故事的内容。

大头分析得很正确！这一单元，我们学的依旧是故事类的动画游戏，就是将我们课本、生活中的故事编写成视频，这样不仅能巩固 Scratch 软件的知识，还能扩展我们的想象力。爸爸考考你，上一单元，我们主要学习了哪些内容？

更换角色造型、调节背景图的明亮度，还有"广播"指令的使用方法。

你总结得很好，本单元我们又将学习一些新知识，如更换背景图。我们要用的素材有老马、小马、小猴子、大象的角色图片，还有 3 张背景图片。

感觉会很有趣呢，爸爸，我发现 Scratch 工具的图片库怎么都没有这些素材呢？需要我们自己下载再导入 Scratch 中吗？

是的，大头，该游戏需要用到的所有图片可以在云端下载后，再导入 Scratch 中。

爸爸，导入后，这些图片在 Scratch 的角色库和背景库中就能找到吗？

是的，大头。

好的，爸爸，那我先把图片素材下载后再导入进来吧！

8.2 预览游戏界面

大头，爸爸已经把各种素材添加进来了，我们先来熟悉一下游戏界面吧！

单击"运行"按钮
启动游戏

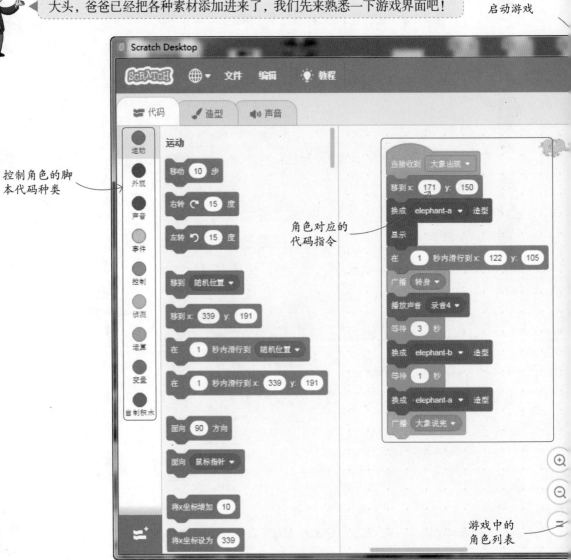

控制角色的脚
本代码种类

角色对应的
代码指令

游戏中的
角色列表

单击"停止"按钮，
结束游戏

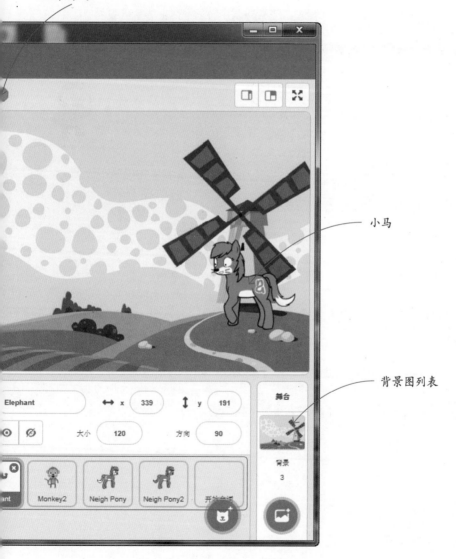

小马

背景图列表

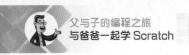
8.3 游戏目标

我们制作小马过河游戏的目标是学会使用角色的移动、背景图切换、声音的播放等常用的 Scratch 命令操作。

爸爸，你说的背景图切换就是你前面提到的更换背景图吗？

是的，大头。爸爸先把故事中的角色和背景图片列举出来，你检查下自己刚刚添加的图片有没有问题。

 老马：小马的妈妈。一天早上，老马让小马驮半袋小麦去磨坊。

 小马：按照妈妈的指示，小马驮着半袋小麦前往磨坊，却被一条小河阻挡了去路。

 小猴子：看到小马快要过河的时候，小猴子跳出来，劝小马别过河。

 大象：小猴子说完话后，走来了一头大象，大象告诉小马河水很浅，刚好没过自己的膝盖。

背景图 1   背景图 2   背景图 3

爸爸，我添加的角色图片、背景图片和你的一模一样。

动画开始时，添加一段"故事发生在一个阳光明媚的早上"的文字，能丰富游戏的故事性哦。

小马过河的游戏是通过场景切换的方式来制作的，第一个场景中的角色图片和背景图片播放结束后，接着播放下一张，直到播放到最后一个场景，下面展示的是每个场景的画面。

游戏名字

切换全屏

开始游戏

游戏背景图

停止游戏

故事发生在一个阳光明媚的早上

开场台词

游戏场景一

小马和妈妈

游戏场景二

小马去磨坊的路
上遇到一条小河

游戏场景三

小猴子劝阻小马，
希望它别过河

游戏场景四

大象说水很浅，
可以过去的

游戏场景五

小马试着过河，
到了磨坊

游戏场景六

一起来分析一下这款动画游戏的知识点：
1. 游戏中多个背景的切换；
2. 多个角色在不同的背景图上移动；
3. 每个角色都有不同的造型，如猴子跳起来的动作；
4. 在游戏中添加声音，如对话。

8.4 编写代码指令

1 这是一个讲述故事的动画游戏，在开场时，需要添加一段文字标题，这样能让作品更加生动一些。编写代码指令前，需要将游戏里的所有角色和背景图片添加到 Scratch 软件中，添加图片的操作方式可以回看单元三的第 4 节。

在角色列表中，先给动画开场的文字标题编写代码指令：

添加事件指令，当单击 🚩 时开始游戏。

故事发生在一个阳光明媚的早上

1. 在角色列表中单击，
选中初始台词

给故事添加初始台
词后的预览效果

2. 单击"代码"按钮

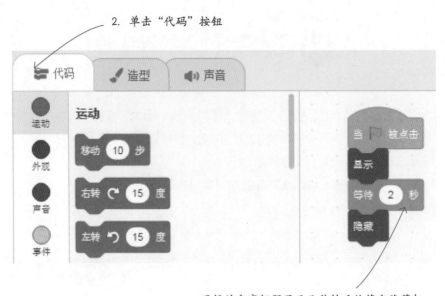

开场的文字标题显示几秒钟后就将它隐藏起
来，开始的台词从显示到隐藏的代码脚本

② "初始台词"隐藏后，就给小屋背景图编写代码脚本。

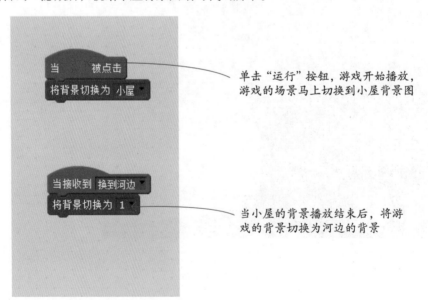

单击"运行"按钮，游戏开始播放，
游戏的场景马上切换到小屋背景图

当小屋的背景播放结束后，将游
戏的背景切换为河边的背景

❸ 在小屋的背景图中，需要添加老马和小马对话的音频文件，该文件在 Scratch 软件的声音库中。

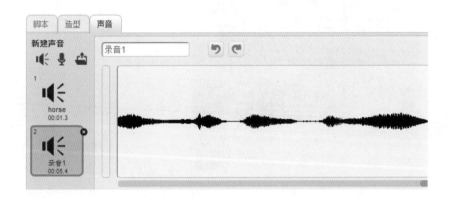

音频文件中老马对小马说："宝贝，你今天去一趟磨坊，好吗？"，小马说："可我从来也没去过，我试试看吧！"

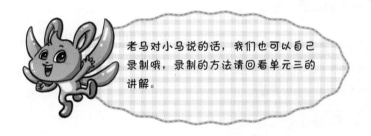

老马对小马说的话，我们也可以自己录制哦，录制的方法请回看单元三的讲解。

❹ 当小马和妈妈说完话后，背景图切换到河边。小马听了妈妈的吩咐后就前往磨坊，路上遇到了一条小河，小河挡住了小马的去路，小马自言自语："咦，这儿有一条河。"

故事画面切换到
小河的背景图

在第一张背景图播放结束后切换
到小马 neigh pony 造型，并且移
动到坐标（50，-105）位置

5 当小马走到河边，又问道："这水有多深呢？"

小马说话的同时需要编写造型切换的代码指令，流程如下。

小马不知道该不该过河，它便开始自言自语，通过添加造型切换的代码指令，制作小马说话的表情

6 接下来，小猴子就出现啦。小猴子对小马说："这水很深，刚刚淹死了一只小松鼠！"然后劝小马别过河。所以我们要为小猴子的出现编写代码指令。

小猴子劝小马别过河

7 当接收到"小猴出现"的指令后，小猴子才显示出来，并移动到舞台区坐标（200，−123）的位置。

小猴子的出现是用"接收"指令来实现的。

8 动画游戏中，小猴子手舞足蹈地劝小马别过河。这样的效果需要通过切换造型来实现。

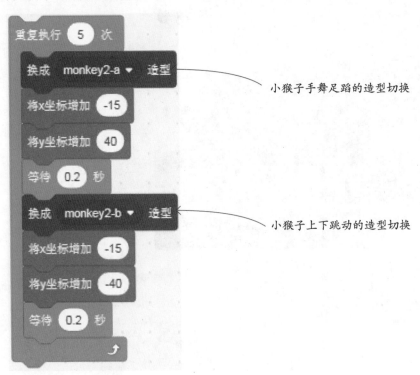

小猴子手舞足蹈的造型切换

小猴子上下跳动的造型切换

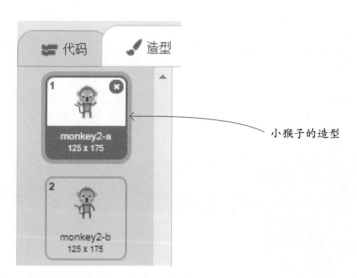

小猴子的造型

9 小猴子说完话后就离开了。小马听小猴子说水很深，就不敢过河，准备回家，这时候来了一头大象。此时，我们就要编写代码指令来控制大象的出现和大象的说话。

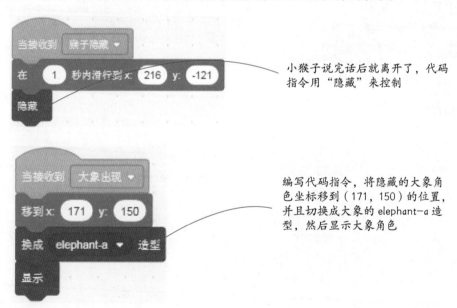

小猴子说完话后就离开了，代码指令用"隐藏"来控制

编写代码指令，将隐藏的大象角色坐标移到（171，150）的位置，并且切换成大象的 elephant-a 造型，然后显示大象角色

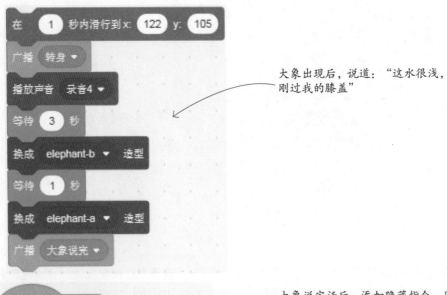

大象出现后，说道："这水很浅，刚过我的膝盖"

大象说完话后，添加隐藏指令，同时脚本切换到大象往回走的造型，在1秒内滑行到舞台面板的（339，191）坐标处，然后隐藏大象

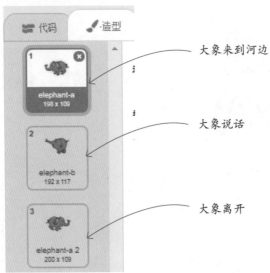

大象来到河边

大象说话

大象离开

⑩ 大象走后，小马犹豫道："怎么办呢？那我试试看吧！"

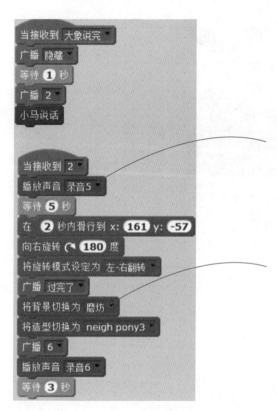

当大象离开后，小马说，"那我试试看吧"，代码指令播放小马的声音文件

小马说完话后就开始过河，需要制作的效果就是小马移动到背景最右侧的（161，-57）坐标处。小马试着过河后兴奋地说道："咦，我做到了！"接着隐藏小马，切换到磨坊的背景图

小马成功过河，来到了磨坊

单元回顾与总结

大头，"小马过河"的故事中，小猴子和大象说的话都没有错，他们的本意是帮助小马，但是大象体型庞大，过河对它来说不难；而松鼠的体型比较小，过河当然有危险。小马的体型比大象小，但是比松鼠大，所以只有亲自试一试，才能知道小河的深浅。

"小马过河"的故事告诉我们，遇到困难时要学会思考，不要轻易被别人的意见左右了自己的想法和行动，有时候，我们只有大胆地尝试才能得出自己想要的结果。

我懂得了这个道理，编写游戏程序也是这样的吧？只有我去试了，才能发现问题，才能做出动画游戏。

大头，你说得很好。现在我们一起来回顾一下本单元的知识点吧！

1. 需要掌握背景图的切换、声音文件的添加。

2. 制作游戏时常用的指令有重复执行代码块、造型的切换、角色的移动等，这些都是制作游戏的基本功。

单元九

星球大战

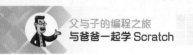
9.1 游戏介绍

科学家预言，很多年后，我们居住的地球或许将受到外星人的侵袭。人类为了保卫地球家园，会像电影中那样，利用先进的科技武器，对抗外星人的侵袭。在本单元中，我们就将这个故事改编成星球大战的游戏吧！

爸爸，这个游戏有领空保卫战好玩吗？

哈哈，大头，这款游戏更好玩呢！这款游戏里增加了很多新的游戏元素，如自己的得分值、战斗机的生命值、各种音乐，而且场景也十分丰富，特别刺激好玩。

爸爸，那这样的游戏在制作的时候，就要设计得有点难度，才能达到好玩的效果吧？

是的，大头。我们要设计得分值，每次打中一个不明飞行物，战斗机就得 1 分，要是不小心碰撞到外星人，战斗机的生命值就减少 1。如果战斗机的生命值减少到 0，游戏就结束啦！

爸爸，我想起来了，在游戏中还有一种能量，如果及时收集的话，那么我的战斗机的能量值就会增加。所以我们需要在游戏中设置这样的功能吗？

嗯，大头说得对。我们在星球大战游戏中要不断收集能量，这样我们的子弹才能发射得更快，才能击败更多敌机。

原来如此，那游戏的具体操作方式是什么呢?

我们先将素材从云端下载，再导入 Scratch 中，游戏的操作方式就是用鼠标的移动来控制战斗机的飞行，瞄准敌人后迅速按键盘上的空格键发射子弹，这样就能打中那些不明飞行物。

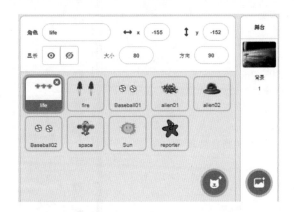

好的，我明白了，很期待新的课程。

《星球大战》是很经典的游戏，它属于系列游戏，本单元我们只学习其中一种哦。

9.2 预览游戏界面

大头，在开始制作游戏前，我们先来看看星球大战的完整界面，对比一下，看看是否比领空保卫战更有意思！

角色对应的代码指令

控制角色的代码指令

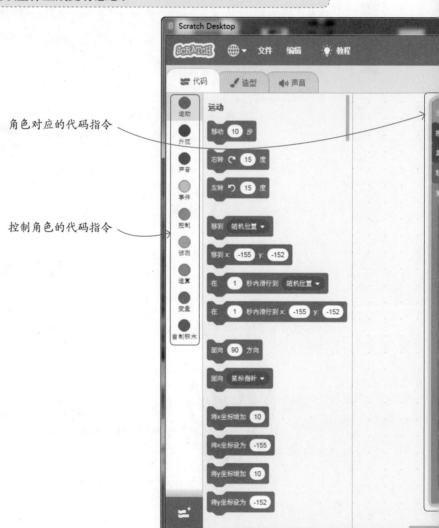

单击"运行"按钮，
开始游戏

单击"停止"按钮，
结束游戏

战斗机的得分

战斗机的生命值

不明飞行物

不明飞行物投
掷的炸弹

背景图列表

角色列表

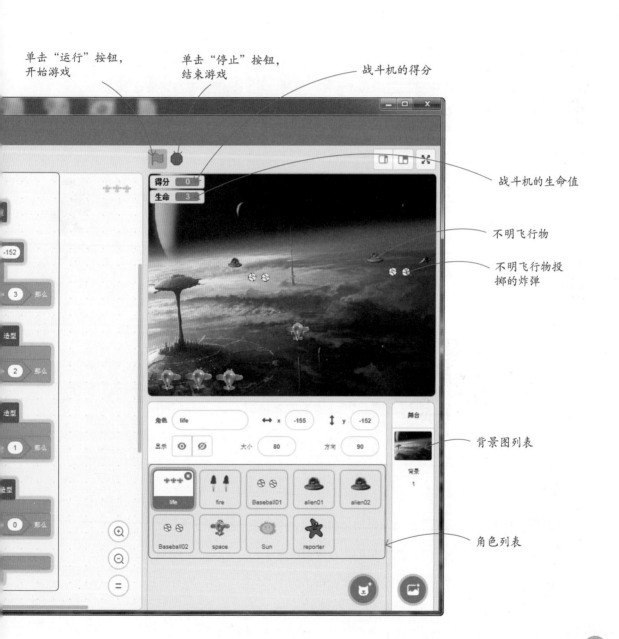

9.3 游戏目标

通过制作这款游戏，我们要学会使用 Scratch 得分变量和生命变量两种指令。这两种指令都是 Scratch 软件自带的，我们只需要添加到游戏中就可以了。其中，变量主要是计算竞技类游戏中的得分和生命值的变化数值。

我知道了，爸爸，这个游戏的重点就是在不同的高度控制炮弹的发射，打中敌机。

没错，大头，我们一起来看看需要用到哪些素材吧！

战斗机的生命数值只有 3 个档次，不能无限增加生命，小朋友们一定要记清楚哦！

战斗机：在 Scratch 的角色列表中被命名为"Space"。

表示当前战斗机的生命数值大于等于 3。

表示当前战斗机的生命数值为 2。

表示当前战斗机的生命数值为 1。

战斗机挂载的导弹。

 来自太空的不明飞行物，我们的战斗机一旦触碰到它们就会坠毁，可见它们的威力是很大的。

 可以收集的能量，1 个能量就可以增加战斗机的 1 个生命值。

 不明飞行物发射出的炸弹，它可以破坏战斗机的生命值。当战斗机的生命值为 0 时，游戏结束。

 我方战斗机被炸毁的样子。

 在游戏结束时，和音乐一起播放的动画。

太空背景图

要记得添加背景图哟，一张好的背景图可是游戏中的亮点呢！

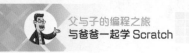
9.4 编写代码指令

1 打开 Scratch 软件，按照 9.3 节给出的角色图片和背景图片，依次从图片库添加到 Scratch 中。所有的图片添加好后，就可以开始编写代码指令了。

添加事件指令，当单击▶时开始游戏。

游戏的操作规则：1. 在舞台区上下拖动鼠标，战斗机就会跟随着鼠标的箭头指针移动。

2. 按键盘空格键，可以发射炮弹，击中敌人。

2 游戏中的得分和生命值统计是由数据脚本的变量来控制的。

在 Scratch 中选中得分和生命两个变量模块指令。

3 在游戏中，设计不明飞行物按折线轨迹向地球飞来，碰到背景图的左右边缘时就反弹，一直向下落；碰到背景图下边缘就消失。

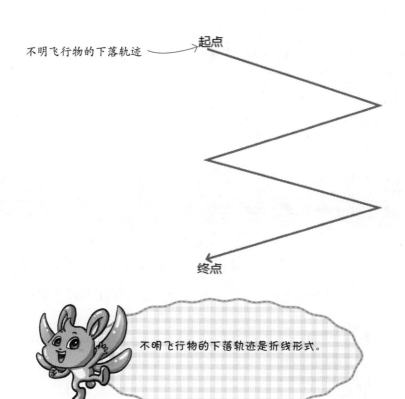

不明飞行物的下落轨迹 → 起点

终点

不明飞行物的下落轨迹是折线形式。

4 给不明飞行物添加代码指令。

在游戏中不明飞行物向地球飞来

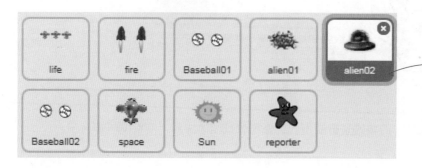

在角色列表中单击，
选中不明飞行物

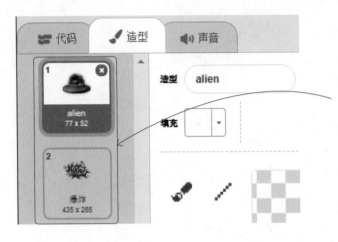

不明飞行物的两个造型：
1. 没有被导弹打中，完好的造型；
2. 被导弹打中后，爆炸的造型

5 不明飞行物在飞向地球时，可能被战斗机的导弹打中，也可能不会被导弹打中，两种情况要分别编写代码指令。下面我们先编写"不明飞行物没有被导弹打中"的代码指令。

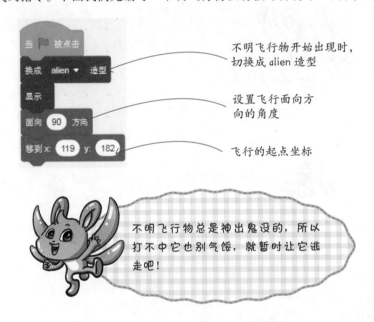

不明飞行物开始出现时，切换成 alien 造型

设置飞行面向方向的角度

飞行的起点坐标

不明飞行物总是神出鬼没的，所以打不中它也别气馁，就暂时让它逃走吧！

6 不明飞行物从太空飞向地球的轨迹是折线型的，碰到背景图边缘后，又反向斜落而下。

设置不明飞行物的移动步数，并添加到重复执行代码指令块内

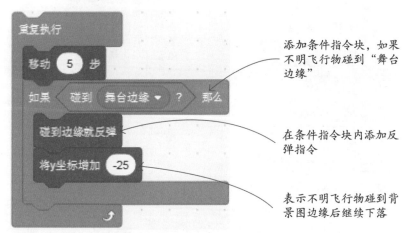

添加条件指令块，如果不明飞行物碰到"舞台边缘"

在条件指令块内添加反弹指令

表示不明飞行物碰到背景图边缘后继续下落

7 如果不明飞行物下落到背景图底部边缘，那么它就消失。

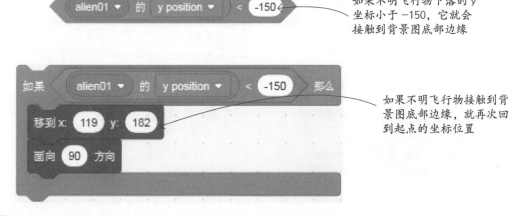

如果不明飞行物下落的 y 坐标小于 −150，它就会接触到背景图底部边缘

如果不明飞行物接触到背景图底部边缘，就再次回到起点的坐标位置

8 不明飞行物在飞向地球时，如果被战斗机发射的导弹打中，就会爆炸。

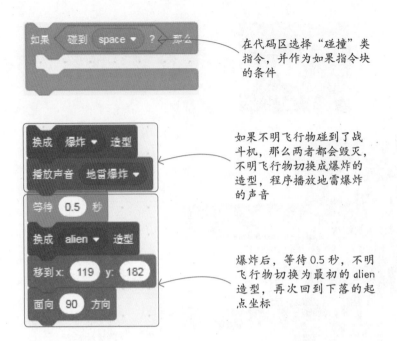

在代码区选择"碰撞"类指令,并作为如果指令块的条件

如果不明飞行物碰到了战斗机,那么两者都会毁灭,不明飞行物切换成爆炸的造型,程序播放地雷爆炸的声音

爆炸后,等待0.5秒,不明飞行物切换为最初的 alien 造型,再次回到下落的起点坐标

⑨ 不明飞行物和战斗机碰撞后,战斗机的生命值就会减1,这时需要我们添加一个数值增加类的变量指令。

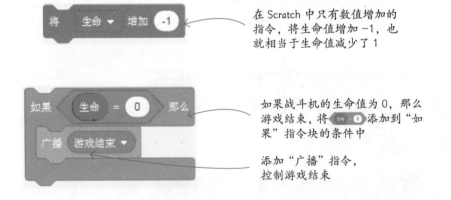

在 Scratch 中只有数值增加的指令,将生命值增加 −1,也就相当于生命值减少了 1

如果战斗机的生命值为 0,那么游戏结束,将 生命 0 添加到"如果"指令块的条件中

添加"广播"指令,控制游戏结束

⑩ 不明飞行物在飞向地球时，被战斗机的导弹打中，飞行物就会毁灭，游戏的分数增加1分。

该碰撞指令表示飞行物被导弹打中，将该指令添加到"如果"指令块的条件中

fire：射击、开火、开枪。

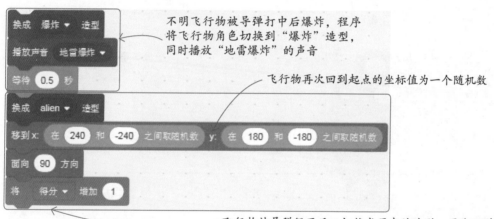

不明飞行物被导弹打中后爆炸，程序将飞行物角色切换到"爆炸"造型，同时播放"地雷爆炸"的声音

飞行物再次回到起点的坐标值为一个随机数

飞行物被导弹毁灭后，切换成原来的造型，再次回到下落的起点坐标，然后游戏的分数增加1分

当不明飞行物接收到"游戏结束"的广播指令后，飞行物角色图片隐藏

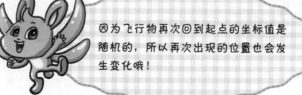

因为飞行物再次回到起点的坐标值是随机的，所以再次出现的位置也会发生变化哦！

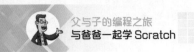

⑪ 不明飞行物和战斗机碰撞，被导弹打中，完整代码指令如下。

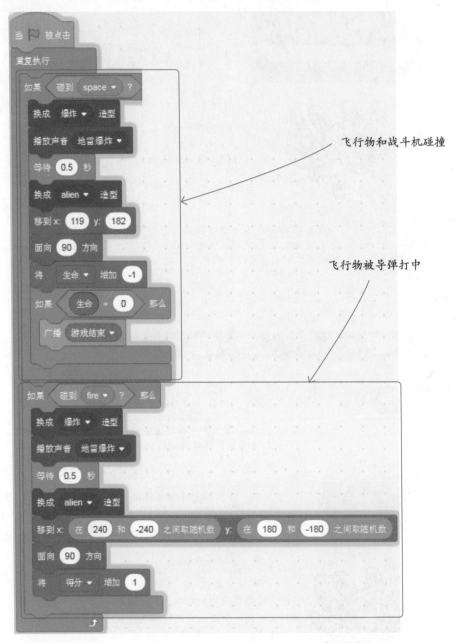

飞行物和战斗机碰撞

飞行物被导弹打中

为了不减少战斗机的生命值，记得尽量避免让战斗机碰上不明飞行物。

⑫ 给"战斗机"角色图片添加代码指令。

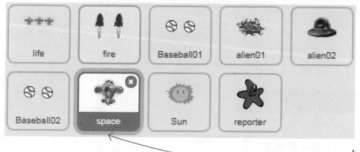

在角色列表中单击，选中子弹

⑬ 在前面的游戏玩法中有讲到战斗机的运动轨迹是跟随鼠标指针滑动的轨迹变化的。

游戏开始后，鼠标的指针指在战斗机上面，这样就能滑动鼠标来控制战斗机的飞行

记得战斗机飞行的操作哟！

战斗机到鼠标指针的距离设置一段"距离"类指令，该距离的值设置为大于5，就能实现战斗机跟随鼠标指针移动

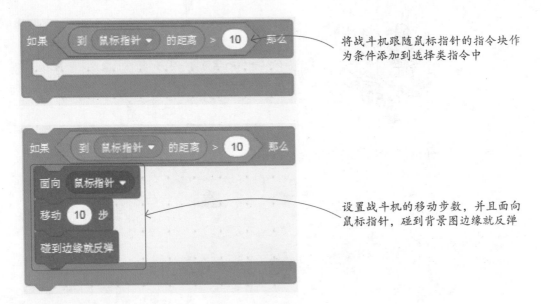

将战斗机跟随鼠标指针的指令块作
为条件添加到选择类指令中

设置战斗机的移动步数，并且面向
鼠标指针，碰到背景图边缘就反弹

⑭ 战斗机跟随鼠标指针运动的轨迹来飞行的完整代码指令。

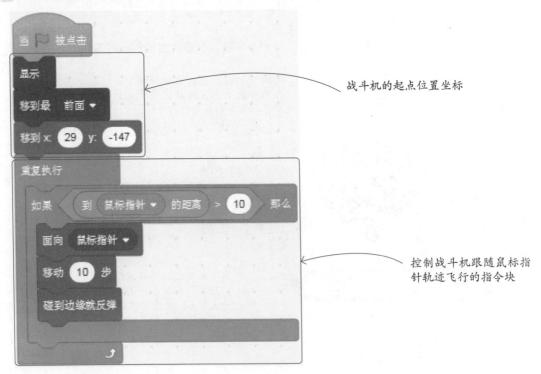

战斗机的起点位置坐标

控制战斗机跟随鼠标指
针轨迹飞行的指令块

鼠标是跟随着战斗机的。

当战斗机接收到游戏结束的广播指令后，战斗机角色图片隐藏

⑮ 给导弹角色图片添加代码指令

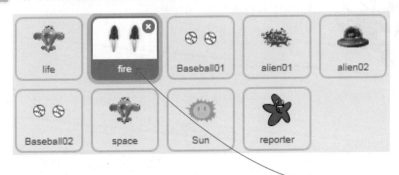

life　fire　Baseball01　alien01　alien02

Baseball02　space　Sun　reporter

在角色列表中单击，选中导弹

⑯ 导弹是挂在战斗机上面的，需要将导弹图片的坐标移到战斗机上面，就能完成将导弹挂载到战斗机上的操作。

移到x: space ▼ 的 x坐标 ▼ - 2 y: space ▼ 的 y坐标 ▼ + 5

将导弹挂载到战斗机上

⑰ 每按一下键盘的空格键，战斗机就发射一次导弹，导弹发射后再装弹。

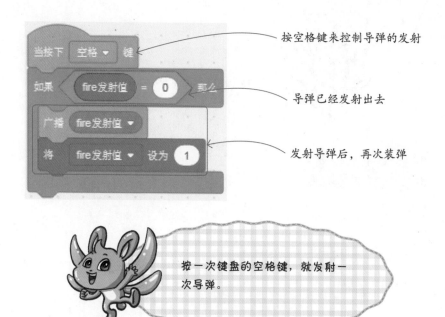

按空格键来控制导弹的发射

导弹已经发射出去

发射导弹后，再次装弹

按一次键盘的空格键，就发射一次导弹。

⑱ 导弹还未发射或者发射后再次装弹的时候，fire 发射值等于 1，下图的代码指令块就和上图的代码指令块相互承接。

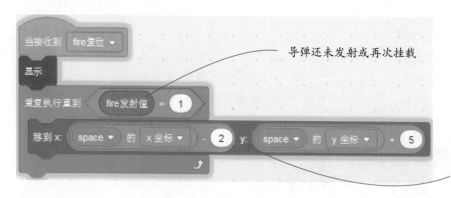

导弹还未发射或再次挂载

将导弹图片添加到战斗机的翅膀下面

⑲ 战斗机发射出去的导弹有打中不明飞行物或没有打中不明飞行物这两种情况，我们先根据导弹没有打中不明飞行物来编写代码指令。

导弹发射出去后，如果没有打中不明飞行物，那么它就直接飞出背景图了，碰到背景图边缘后就消失，给导弹角色图片添加"碰撞"指令 碰到 舞台边缘 ？ 。

导弹对着天空向上飞出，
碰到背景图最上面的边缘
后消失

如果发射的导弹没有打中不明飞行
物，那它就越飞越远，直到看不见。

导弹发射后，战斗机
又再次装弹

⑳ 如果发射出去的导弹打中了不明飞行物，那么不明飞行物就会爆炸，然后导弹也会消失。

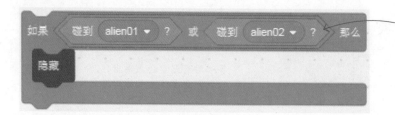

如果导弹打中了游戏中的两个不明飞行物，那么不明飞行物消失

21 战斗机打中不明飞行物的完整代码指令。

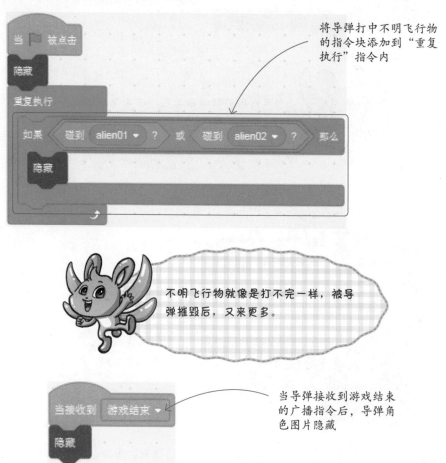

将导弹打中不明飞行物的指令块添加到"重复执行"指令内

不明飞行物就像是打不完一样，被导弹摧毁后，又来更多。

当导弹接收到游戏结束的广播指令后，导弹角色图片隐藏

22 在游戏中，不明飞行物也会喷射炸弹，如果战斗机碰到一个炸弹，生命值就会减少1，直到战斗机的生命值为0，游戏结束；如果炸弹没有碰到战斗机，那么它就一直下落，直到落出背景图边缘，最终消失。

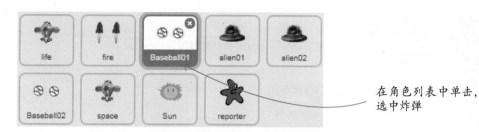

在角色列表中单击，
选中炸弹

记得不要碰上不明飞行物喷射的炸
弹哟。

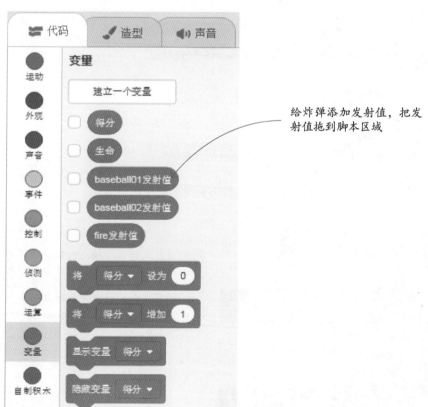

给炸弹添加发射值，把发
射值拖到脚本区域

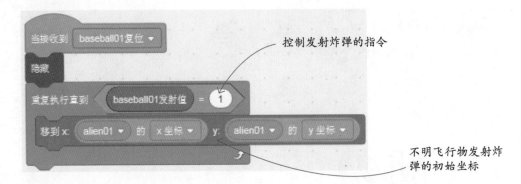

控制发射炸弹的指令

不明飞行物发射炸
弹的初始坐标

㉓ 不明飞行物的炸弹发射值在 Scratch 中默认为 0，该值越大，发射的炸弹就越多，游戏的难度
级别也就越高。

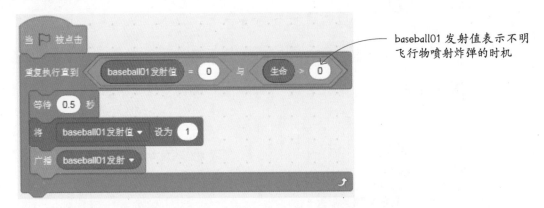

baseball01 发射值表示不明
飞行物喷射炸弹的时机

㉔ 根据不明飞行物发射的炸弹没有碰到战斗机的情况来编写代码指令。

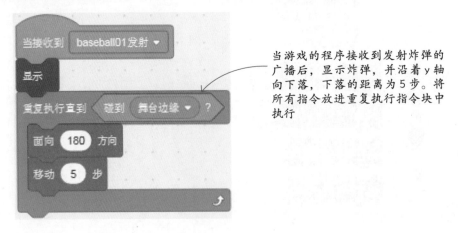

当游戏的程序接收到发射炸弹的
广播后，显示炸弹，并沿着 y 轴
向下落，下落的距离为 5 步。将
所有指令放进重复执行指令块中
执行

"移动"指令控制不明飞行物的下落速度，数值越大，下落越快。

将 baseball01发射值 设为 0
广播 baseball01复位

炸弹会一直下落，在碰到背景图的边缘时，恢复发射值为 0，广播复位

当接收到 baseball01发射
显示
重复执行直到 碰到 舞台边缘 ？
面向 180 方向
移动 5 步
将 baseball01发射值 设为 0
广播 baseball01复位

炸弹直接下落到背景图下边缘的完整代码指令块

25 根据不明飞行物发射的炸弹碰上战斗机的情况来编写代码指令。

如果 碰到 space ？ 那么
隐藏
将 生命 增加 -1
广播 baseball01复位

战斗机被不明飞行物发射的炸弹打中，生命值减少 1

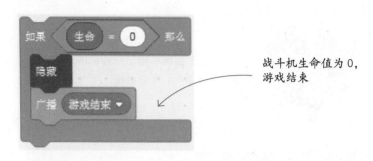

战斗机生命值为0，
游戏结束

哈哈，战斗机的生命值为0，游戏
结束了！

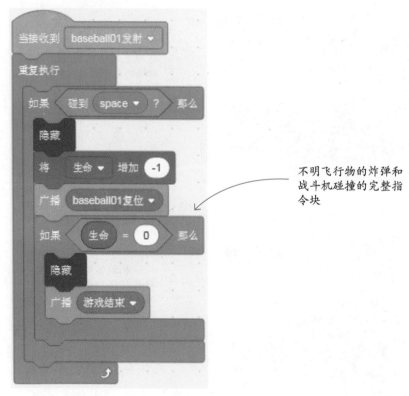

不明飞行物的炸弹和
战斗机碰撞的完整指
令块

26 注意，在游戏的角色列表中，要添加两个不明飞行物，分别是 alien01 和 alien02，这两个不明飞行物发射的炸弹也要分别对应角色列表中的 Baseball01 和 Baseball02，即两个不明飞行物的代码指令是一样的，两组炸弹的代码指令也相同。

简单来说就是，alien01 发射炸弹 Baseball01，alien02 发射炸弹 Baseball02，小朋友们别弄混了哦！

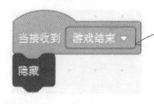

当不明飞行物的炸弹接收到游戏结束的广播指令后，炸弹角色图片隐藏

27 给能量角色图片添加代码指令。

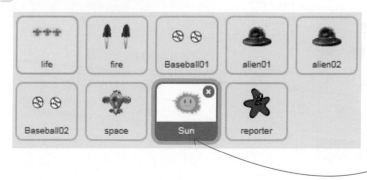

在角色列表中单击，选中太阳，也可以称为能量，战斗机收集 1 个太阳就增加 1 个生命值

28 游戏中的能量主要是补充战斗机的生命值,战斗机的初始生命值为3,我们可以设计一种能量,让战斗机收集了能增加生命值,战斗机每次收集一个能量,其生命值就增加1。能量被收集后,过一会儿又有新的能量落下来。

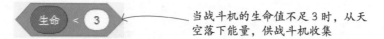

当战斗机的生命值不足3时,从天空落下能量,供战斗机收集

29 能量在下落时可能被战斗机收集,也有可能没有被战斗机收集,如果没有被收集,能量落到背景图底部边缘就消失。我们先根据能量被战斗机收集的情况来编写代码指令。

把生命指令添加到"如果"选择类指令中

要多吸收能量,增加战斗机的生命值。

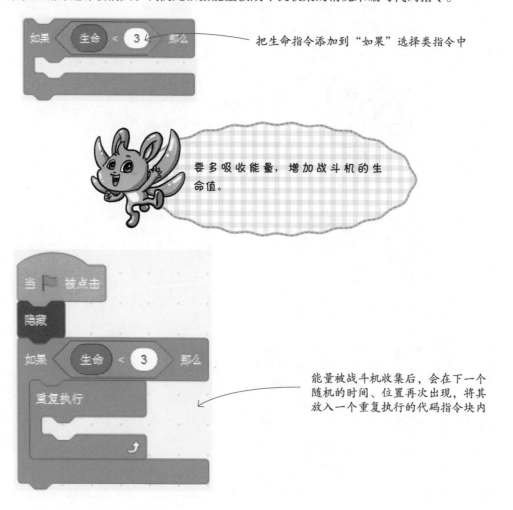

能量被战斗机收集后,会在下一个随机的时间、位置再次出现,将其放入一个重复执行的代码指令块内

206

在 1~3 秒的随机时间内，
能量出现

能量出现的位置在整个舞
台区，坐标的范围为 x 坐
标值 −240 到 240，y 坐标
值 180 到 −180

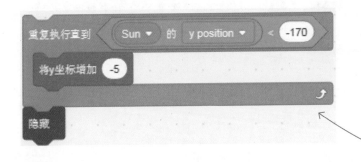

如果能量没有被战斗机收
集到，那么它下落到背景
图底部边缘就自动消失

30 能量在下落的过程中没有被战斗机收集的完整代码指令块。

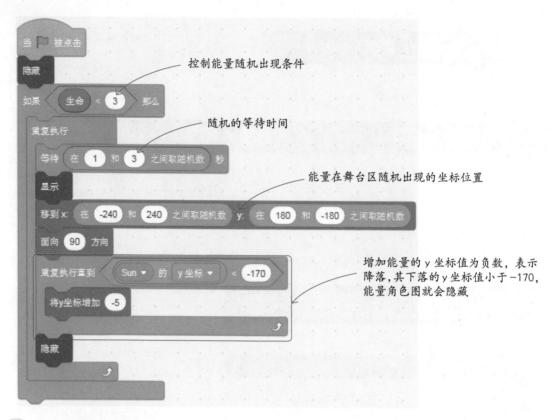

控制能量随机出现条件

随机的等待时间

能量在舞台区随机出现的坐标位置

增加能量的 y 坐标值为负数，表示降落，其下落的 y 坐标值小于 -170，能量角色图就会隐藏

㉛ 能量被战斗机收集后，其生命值将增加 1，根据此种情况来编写代码指令。

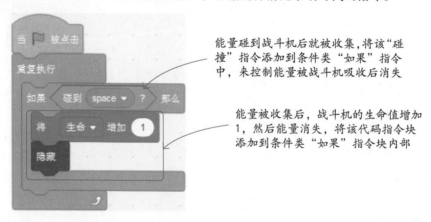

能量碰到战斗机后就被收集，将该"碰撞"指令添加到条件类"如果"指令中，来控制能量被战斗机吸收后消失

能量被收集后，战斗机的生命值增加 1，然后能量消失，将该代码指令块添加到条件类"如果"指令块内部

㉜ 在游戏结束后，播放声音文件，这种声音感觉就像是女巫，所以我们暂且称呼它为女巫。接下来我们为女巫角色添加脚本。

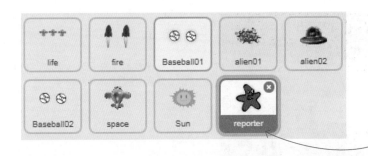

在角色列表中单击，
选中该角色图片

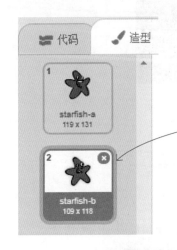

这两个造型用于制作
动画效果

当游戏结束后，隐藏
游戏舞台区的"生命"
变量和"得分"变量

游戏结束后显示女巫
角色并播放声音

显示游戏得分，等待
5秒，整个游戏的代
码指令停止运行

战斗机的生命值减少到 0，游戏
结束并显示当前的分数

33 在游戏中有标记战斗机生命值的角色图片，给该角色添加代码指令。

该处的图标表示当前战斗
机的生命值

34 给"生命值"角色图片添加代码指令。

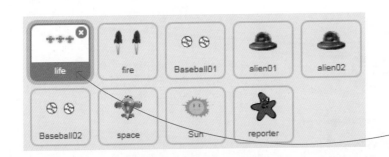

在角色列表中单击，选
中 life（生命值）

游戏开始时，战斗机的生命值只是3，
记得多多收集能量补充生命值哦。

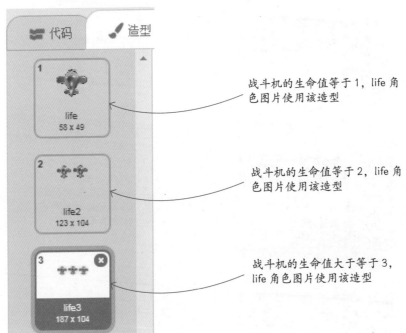

战斗机的生命值等于1，life 角
色图片使用该造型

战斗机的生命值等于2，life 角
色图片使用该造型

战斗机的生命值大于等于3，
life 角色图片使用该造型

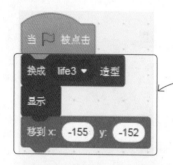

在游戏开始时，战斗机的生命值为 3，并且让其显示，固定坐标值为（–155，–152），也就是左下角位置

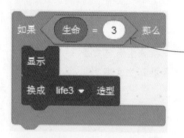

在游戏开始或战斗机的生命值大于或等于 3 时，将 life（生命）的造型切换到 life3，并且作为条件添加到选择类"如果"指令块中

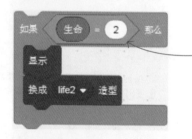

如果战斗机的生命值等于 2，将 life（生命）的造型切换到 life2，并且作为条件添加到选择类"如果"指令块中

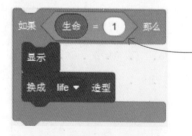

如果战斗机的生命值等于 1，将 life（生命）的造型切换到 life，并且作为条件添加到选择类"如果"指令块中

如果战斗机的生命值等于 0，游戏结束，游戏代码广播"游戏结束"

表示战斗机生命值的完整代码指令块。

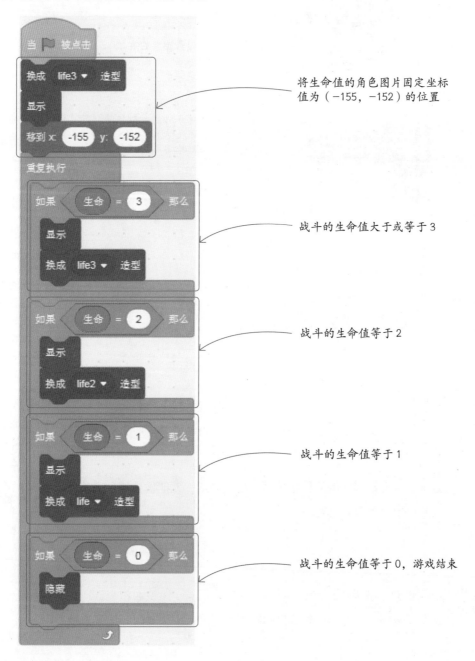

将生命值的角色图片固定坐标值为（-155，-152）的位置

战斗的生命值大于或等于3

战斗的生命值等于2

战斗的生命值等于1

战斗的生命值等于0，游戏结束

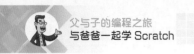

"接收广播"指令可是很重要的哦。

当战斗机的生命值为 0 时，广播游戏结束，life（生命值）角色图片隐藏

单元回顾与总结

大头，本单元的星球大战游戏是不是既好玩又刺激啊？

是呀，我要是能熟练地制作出这款游戏的话，就能做出其他的战斗类竞技游戏啦，是吧，爸爸？

的确如此，因为制作这款游戏需要很多 Scratch 知识的积累，所以你一定要反复练习。本单元要掌握的知识点很多，大头要耐心记下来哦！

1. 游戏结束的控制命令。

2. 运动方向的控制命令、数据指令中的变量指令和得分指令，战斗机发射炮弹的发射值指令。

3. 控制游戏结束的广播指令。

鼠标是计算机中最重要的操作设备，是我们指挥和控制计算机的重要工具，计算机中很多操作都离不开鼠标，初学者只有学会正确地操作鼠标，才能熟练地掌握计算机的其他操作技能。

❶ 认识鼠标按钮的组成

在学习鼠标的使用方法之前，我们需要先了解鼠标的外观。目前，市面上鼠标的种类繁多，如多媒体鼠标、无线鼠标等，但基本的外观与功能都是相同的。例如，下图中的鼠标是一款常见的鼠标。鼠标通常包含3个按键，分别为鼠标左键、鼠标右键和滚轮。我们在使用鼠标控制计算机时，也是通过这3个按键来控制的，当然，还需要结合鼠标的移动。

❷ 手握鼠标的正确方法

绝大多数人都习惯用右手来操作鼠标，手握鼠标的正确方法是食指和中指自然放在鼠标的左键和右键上，大拇指横向放在鼠标左侧，无名指和小拇指放在鼠标右侧，大拇指与无名指及小拇指轻轻握住鼠标。手掌心轻轻贴在鼠标尾部，手腕自然垂放在桌面上，如下图所示。

在操作鼠标时，要做到手指责任分工明确，养成良好的操作习惯。操作时要有耐心，不要随意拉扯或摔打鼠标。

❸ 学会鼠标的相关操作

在使用计算机的过程中，无论是选择对象，还是执行命令，基本上都是通过鼠标来快速完成操作的。鼠标常见的操作方式可以分为指向、单击、双击、右击、拖动与滚动 6 种。具体介绍如下。

（1）指向

指向操作又称为移动鼠标，一般情况下用右手握住鼠标来回地移动，此时鼠标指针也会在屏幕上同步移动。将鼠标指针移动到所需的位置就称为"指向"。指向操作常用于定位，当要对某一个对象进行操作时，必须先将鼠标定位到相应的对象。

（2）单击

单击是指将鼠标指针指向目标对象后，用食指按下鼠标左键，并快速松开左键的操作过程。单击操作常用于选择对象、打开菜单或执行命令。

（3）双击

将鼠标指针指向目标对象后，用食指快速、连续地按下和松开鼠标左键两次，就是"双击"操作。双击操作常用于启动某个程序、执行任务、打开某个窗口或文件夹。

（4）拖动

拖动是将鼠标指针指向目标对象，按住鼠标左键不放，然后移动鼠标指针到指定的位置后，再松开鼠标左键的操作。该操作常用于移动对象。

（5）右击

右击是指将鼠标指针指向对象后，按下鼠标右键并快速松开按钮的操作过程。右击操作常用于打开目标对象的快捷操作菜单。

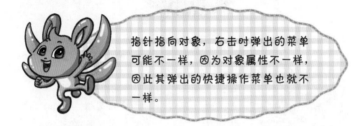

指针指向对象，右击时弹出的菜单可能不一样，因为对象属性不一样，因此其弹出的快捷操作菜单也就不一样。

（6）滚动

滚动是指用食指前后搓动鼠标中间的滚轮操作。常用于放大、缩小对象，或者长文档的上下滑动显示等。

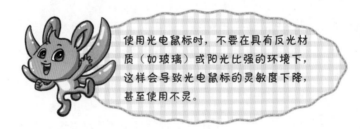

使用光电鼠标时，不要在具有反光材质（如玻璃）或阳光比强的环境下，这样会导致光电鼠标的灵敏度下降，甚至使用不灵。

计算机： 俗称电脑，我们常见的家用电脑和笔记本电脑都是计算机。

操作系统： 控制计算机上所有东西的程序，如 Windows、Mac OSX。

服务器： 专门用来存储文件的计算机，一直保持开机并部署在专业的机房，通常使用网络访问它。

编程语言： 计算机能识别的一种语言，人类可以通过编程语言和计算机交流。

角色： 在 Scratch 中指一个舞台上的图片可以用代码移动或控制。

背景： 在 Scratch 中所有角色后面的图片，即舞台上的图片。

程序： 指令的集合，计算机按照顺序执行这些指令，完成一个任务。

代码： 在头指令块下的一系列分指令块，它们是按照顺序执行的。

软件： 运行在一台计算机中的程序，控制计算机如何工作。

网络： 互相联通可以交换数据，其中因特网就是一个巨大的网络。

文件： 一个有名字，用来存储数据的集合。

硬件： 计算机的物理部分，可以看见、触摸到的东西，如鼠标、键盘和显示器等。

目录： 指示文件的存放顺序，让文件整齐有序。

内存： 计算机中的芯片，用来存储信息。

作品： 在 Scratch 中对一个程序及所有相关资源的称呼。

事件： 计算机可以对其产生反应的行为，如一个按键被按下或鼠标被单击。

运行： 让一个程序开始启动的命令。

库： 在 Scratch 中预先存储好的图片、声音文件的位置。

变量： 存放数据的虚拟小盒子，其中的数据可以在程序中被修改，如玩家的分数，可以给变量设置名字和值。

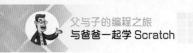

指令： 用计算机能识别的编程语言指示和命令计算机。

导入： 从 Scratch 外把一些文件加入作品中，如图片或声音文件。

导出： 把一些文件从 Scratch 保存到电脑中，如导出一个角色或整个作品，保存为一个文件。

动画： 快速地改变画面，从而产生多张图片移动的幻觉。

过程： 程序运行需要经过的步骤，按照特定的规则一步步执行下去，过程就结束。

函数： 集合在一起的、能实现特定功能、执行特定任务的程序代码。

条件： 根据真假来判断的选择，不同的选择有不同的结果。

循环： 程序中自我重复的那一部分，可以使用循环，避免多次输入重复的代码。

头指令块： 用来启动一段脚本的指令块，如"当绿旗被点击"指令块。

造型： 一个角色显示在舞台上时的所有图片，快速改变一个角色的造型可以制作动画效果。

指令块： Scratch 中的一个指令，指令块拼接在一起就组成了代码。

输出： 可以被用户观察到的，由计算机产生的数据。

输入： 写到计算机里面的数据。键盘、鼠标和麦克风都可以用来输入数据。

舞台： 在 Scratch 界面中一个类似屏幕一样的区域，作品会在其中运行。

消息： 在角色之间发送信息的方法。

语句： 程序中可以被拆开的最小完整指令。

随机： 计算机程序中的一项功能，它可以产生不确定的输出，在编写程序时常用到。